最後の楽園の生きものたち

NHK「ホットスポット」制作班 編

東京書籍

最後の楽園の生きものたち

本書は、2011年1月30日〜2015年3月15日にわたって放送された、「NHKスペシャル ホットスポット 最後の楽園」「同 season2」の内容を書籍化したものです。書籍化にあたりましては、最新情報を取り入れるとともに、写真、図版、イラストを新たに追加したところもあります。各章冒頭の「代表的な生きものたち」とは、番組で取り上げた生きものたちが中心となっています。また、文中に出てくる、研究者等の肩書につきましては、番組放送当時のままとしてあります。

ホットスポットと進化のドラマ
―まえがきにかえて―

森の中で昆虫を撮影中

プラットフォーム（テント内）

一応隠れているつもり⁉

うっそうとした森を貫くアスファルト道路のかたわら、ヤマネコの派手なイラストが描かれた「飛び出し注意」の看板が目に飛び込んでくる。ここは沖縄県西表島の東部を南北に走る幹線道路。近年交通事故が多発し、その存続に赤信号が灯っているイリオモテヤマネコを守ろうというものだ。イリオモテヤマネコの個体数は推定わずか100匹。絶滅の危険が極めて高い「絶滅危惧種」に指定されている。道路を横切ろうとして、毎年数匹が交通事故で死亡しているのだ。イリオモテヤマネコの例は氷山の一角。世界には、こうした動植物の例は枚挙に暇がない。人間の活動が全地球の隅々にまで及び、もはや秘境などないと思われる今日、一年で4万種の生物が絶滅しているとする報告もある。我々は今、恐竜絶滅を上回るスピードで、「第6の絶滅」に直面しているとも聞く。

こうした現状に触れるたびに、私はある有名な言葉を思い出す。
―どうやって直すのかわからないものを、壊し続けるのはもうやめてください―

1992年6月11日。ブラジルのリオ・デ・ジャネイロで開催された世界初の「環境と開発に関する国連会議（地球環境サミット）」での出来事。当時12歳だった日系4世のカナダ人、セヴァン・スズキという少女から発せられたこの言葉が、世界各国から集まった政府のリーダーたちに深い感動と衝撃を与えた。その「伝説のスピーチ」の一節だ。以来、地球環境の保全、野生生物の保護を目的とした国際会議が定期的に続けられている。しかし状況は果たして改善されてきただろうか？むしろ悪化の一途をたどっているのではないか。そんな憂鬱な気分が年々増していく中、2010年10月、日本の名古屋で節目とも言うべき第10回目の国際会議（生物多様性条約第10回締約国会議）が開かれることとなった。実は、それがシリーズNHKスペシャル「ホットスポット最後の楽園」を制作するきっかけだった。今こそ、地球から消えようとしている生きものたちの貴重な姿を伝え、自然と人間の共存の行く末を改めて考えるべき時ではないか？そう思ったのだ。

取材地として選んだのが「ホットスポット」。ホットスポットとは「地域固有の動植物が多いにもかかわらず、すでに原生の自然の7割以上が失われ、今すぐにでも保護の手を差し伸べるべき緊急の場所」のこと。国際的な環境NGOコンサベーション・インターナショナルが世界から優先的に35ヶ所を選び出し、緊急の保護を訴えている地域のことだ。私たちは、35ヶ所の中からさらに12ヶ

特殊機材を使った撮影

高さ40mの木登り

スネークガード

車でできたわずかな陰が安息の場

所を選んで、絶滅に瀕した貴重な生きものたちの姿を記録してきた。目指したのは「生命の多様性の圧倒的な力を映像化する」こと。ハイスピードカメラ、超高感度カメラ、赤外線カメラ、水中リモコンカメラ、ラジコンヘリコプター、ドローン、コマ撮り装置等、ありとあらゆる最先端の特撮技術を駆使し、見たこともないような神秘の光景や世にも不思議な動物たちの撮影に挑戦した。

暗褐色のヒョウのような姿に進化したフォッサ(マダガスカル最大の肉食獣)の貴重な繁殖行動、砂漠にミステリーサークルを描き出すと考えられる小さなシロアリ、まるでほ乳類が赤ん坊に乳を与えるように稚魚に未受精卵を与えて子育てする巨大なナマズ、フクロウのような姿の飛べないオウムの珍しい求愛行動、果実を食べる草原のオオカミ、カエルや魚を捕えるコウモリ……世界で初めて撮影されたスクープ映像の裏には取材班の苦労話もまた多い。ナミブ砂漠でのロケ。気温40度を超え、強烈な日差しを遮るものが全くない中で撮影スタッフが休息をとったのは車の下にできたわずかな日陰。ボルネオでは樹上生物の撮影のため、高さ40mの巨木の股に撮影台をつくった。カメラマンは夜明け前に登り、日が暮れてから下りる。その間、用足しはペットボトルで!また、アフリカの湖で夜行性の魚の撮影に挑戦したときは、水中リモコンカメラが送ってくる映像を小舟に揺られつつ24時間体制で寝ずの番で監視……などなど、過酷なロケの連続だった。

だが、シリーズが描こうとしたのは、奇想天外な生きものたちの姿だけではない。地球の歴史の中で起きた大地や海のダイナミックな変動。それが彼らの誕生に深くかかわっていることは案外知られていない。なぜ、ホットスポットには、固有で独特な生きものたちが多いのか?そこには地球上のさまざまな奇跡と偶然が引き起こした、知られざる進化のドラマが隠されている。例えば、今日のマダガスカルに見られる不思議な生きものの世界は「恐竜絶滅を引き起こした巨大隕石の衝突という偶然」、「アフリカ大陸との間の500キロという絶妙な距離」、そして「キツネザルの祖先が持っていた『休眠』という特殊な能力」という3つの要素の絶妙な組み合わせがなければ存在しえなかった可能性が高い。

すべての命が、何千万年、何億年という地球の長い歴史の中で起きた、数々の「奇跡と偶然」の連続の結果、今、私たちの目の前に存在する―そう知ったとき、私たちの自然を見る眼差しはきっと、変わってくると思うのだ。

「NHKスペシャル ホットスポット 最後の楽園」制作統括 　村田真一

大自然のドラマがくり広げられる
最後の楽園

2015年現在、世界には35ヵ所のホットスポット（生物多様性ホットスポット）とよばれる場所が存在する。
大自然のドラマと絶滅の危機に瀕した生きものたちが暮らす最後の楽園ともよべる場所。
そこでは想像を絶する神秘的な光景や、生きものたちの驚きの行動を見ることができる。
本書では番組で取材を行った12ヵ所に焦点を当てて、
最後の楽園に棲む生きものたちの進化の不思議や尊い生命のきらめきを伝えていく。
※このホットスポット地図は、番組内容を紹介するものです。
※生物多様性ホットスポット一覧はP.204参照。

中米コスタリカ
ジャングルから乾燥林まで、変化に富んだ自然のあるホットスポット。単位面積あたりの生物多様性が最も高い国の1つ。
➡ P.108

ブラジル
セラードとよばれる広大な草原地帯には、無数の巨大なアリ塚が立ち並ぶ。このアリ塚を中心とした驚くべき生態系がそこには存在する。
➡ P.28

中国南西部
広大な面積を誇る中国。その南西部にはヒマラヤ山脈から続く6000m級の山岳地帯がある。極限の環境のなかでも数多くの生きものたちが生き延びてきた。
➡ P.124

日本
南北で寒暖差が実に大きい日本。アイスモンスターとよばれる樹氷と、南米アマゾンのジャングルのような森林が1つの国に存在する。特殊な環境にあるこの島にも、独自の進化を遂げた生きものたちが棲んでいる。
➡ P.188

インド・スリランカ
太古の面影を残す「光り輝く島」、それがスリランカ。そして、原始的な植物が生い茂るインド西ガーツ山岳地帯。海で隔てられているにもかかわらず、この2つの地域には、共通の生きものたちが暮らしている。
➡ P.156

東アフリカ・アルバタイン地溝
地球内部のマントルによってつくられた巨大な大地の裂け目、それが大地溝帯だ。そこには人間に近い3種類の大型類人猿が暮らし、それぞれ進化を遂げた。
➡ P.92

スンダランド・ボルネオ島
巨木が立ち並ぶ、地球上で最も古いとされる熱帯雨林が広がる。豊かな森に見えるこの場所も、実は栄養に乏しいといわれている。この地に棲む生きものたちは独自の方法を身に付けて暮らしている。
➡ P.140

東アフリカ・古代湖
ビクトリア湖、タンガニーカ湖、マラウィ湖。数百万年かけて形成されたこの3つの大きな湖には、シクリッドとよばれる多様な種類の魚たちが生存競争をしている。
➡ P.172

ナミブ砂漠
極めて暑く、年間降水量も少ない、地球上で最も乾燥している地域の1つ、それがナミブ砂漠。この過酷な環境にも、実は多くの生きものたちが生息している。
➡ P.44

マダガスカル
インド洋に浮かぶマダガスカルには、独自の進化を遂げた不思議な生きものが数多く生息している。なかでも、80種もいるというキツネザルの仲間たちは、実に多様な生態系をもっている。
➡ P.12

オーストラリア
一面に広がる砂漠には、多様な有袋類が生息している。かつて世界中に生息していたとされる有袋類…しかし、この地では、有袋類が大繁栄を遂げた。アカカンガルーを始めとする有袋類の秘密に迫る。
➡ P.60

ニュージーランド
鳥たちの楽園、ニュージーランド。そこには飛べない鳥も多く存在する。天敵となる哺乳類がいなかったこの地で、鳥たちは独自の進化を遂げた。

もくじ

ホットスポットと進化のドラマ―まえがきにかえて―…2

1 マダガスカル
太古の生命が宿る島 …………12

独自の進化を遂げた生きものたちの宝庫…14

隕石の衝突から固有種の宝庫へ…16

特別な能力と偶然が重なり海を渡ってきたキツネザル…18

森の恵みを利用して進化…20

分断された生息地で共存・別種へと進化…22

別の動物に似た姿に進化した生きものたち…24

恐竜絶滅後に多様に進化した生きものたち…26

2 ブラジル
からっぽに見えて
奇妙な生きものたちに溢れている草原…………28

乾いた大草原で生きる生きものたち 独自の生態系が生まれた"セラード"…30

なぜ草原に大型の草食動物がいないのか?
草食動物を襲った環境の激変…32

アリ塚とともに進化し、生きてきた生きものたち…34

シロアリを食べるために進化したオオアリクイ…36

100万匹が暮らす社会 アリ塚を守るシロアリ…38

互いをうまく利用する生活サイクル…40

生きもの同士の命をめぐる駆け引き…42

3 ナミブ砂漠
沿岸に広がる世界最古の砂漠……………44

飢えと渇きによって進化を遂げた生きものたち…46

海流が生み出した砂漠の歴史…48

砂漠のキーマン シロアリとシロアリを主食とする動物たち…50

厳しい乾燥と暑さが生み出した規格外の生きもの…52

スナシロアリの生活スタイルからできた!?フェアリーサークル…54

ナミブ砂漠の海岸でくり広げられる生存競争…56

灼熱の大地で独自の進化を遂げてきた植物…58

4 オーストラリア
不毛の大地で究極の進化を遂げた生きものたち……………60

乾燥と暑さを乗り切るために進化を遂げた有袋類の王国…62

有袋類の王国はなぜ誕生したのか?…64

不毛の大地 砂漠を生き抜くための特別な進化…66

姿も暮らしぶりもさまざま 150種以上の有袋類…68

3つの命を同時に育む アカカンガルー独特の構造…70

水場を求めて 200km アカカンガルーの過酷な旅…72

長旅を可能にしたアカカンガルーのジャンプの秘密…74

5 ニュージーランド
世にも不思議な鳥たちの王国……76

隔絶した環境のなかで奇妙な進化を遂げた生きものたち…78
絶海の孤島誕生の秘密 ほ乳類のいない世界へ…80
天敵のいない島で独特な進化を遂げた生きものたち…82
食べ物を求めて海を目指せ 森を歩く鳥たち…84
寒さに適応するために進化したユニークな鳥たち…86
巨大な敵から逃れるために夜行性となった飛べない鳥…88
飛べない鳥たちにせまる外来ほ乳類の脅威…90

6 東アフリカ・アルバタイン地溝
謎の類人猿の王国……92

多様な生命が息づく大地溝帯…94
熱帯のアフリカに独特の環境をつくり類人猿を守った大地溝帯…96
高山、ジャングルの中で進化した動植物…98
世界最大の霊長類は人間の家族のような社会を築く…100
コンゴ川で分かれたチンパンジーとボノボ…102
大地溝帯がつくった湖に暮らす生きものたち…104
巨大怪鳥の不思議な進化…106

7 中米コスタリカ

２つの大陸が交わる生きものの宝石箱……………108

変化に富んだ自然にひしめきあう５０万種の動植物…110

地殻の変動によって生み出された多様な環境と新たな進化のドラマ…112

環境に適応し、新たな行動を身に付け生存競争をくぐり抜けてきた強者たち…114

南北から来た種が混在し、さまざまに進化したコウモリの楽園…116

うっそうとした森の中で「美」を進化させた鳥たち…118

透明・擬態・地味な色……多様な戦略で生きる昆虫…120

生き残るためにアリバダを起こすカメ…122

8 中国南西部

ヒマラヤへと続くミステリアスな天空の世界………124

標高の高い過酷な環境に適応した生きものたち…126

北半球の広域に影響を与えた氷河期と大陸の衝突で生まれた山脈と高原…128

酸素濃度が低い高地へ移動し氷河期の終わりを生き抜いたヤク…130

乾燥、厳しい寒さ 過酷な環境に適応した動物たち…132

竹のスペシャリストになったジャイアントパンダ…134

深山幽谷にひっそり暮らす 険しい山脈によって分かれたサルたち…136

湖に温泉……、限られた資源をいかして命をつなぐ生きものたち…138

9 スンダランド・ボルネオ島

豊かな森と乏しい食物の島……………140

巨木の森で生きるために進化してきた動物たち…142

巨木と動物たちが共存する森 世界最古の熱帯雨林がつくられた奇跡…144

高い木の上で生きる動物たち…146

アジアに棲む唯一の大型類人猿 昼夜問わず木の上で過ごすオランウータン…148

大陸を越えて進化したオランウータンの奇跡…150

川沿いに生息する生きものたち 子どもとともに生き抜く本能の奇跡…152

生きるために驚くべき進化を遂げた動物たち…154

10 インド・スリランカ

大陸を移動して進化した 生きものたちが棲む「光り輝く島」……………156

古い時代から保たれてきた森で独自の進化を遂げてきた生きものたち…158

地殻変動によって誕生した豊かな森 西ガーツ山岳地帯の奇跡…160

太古の面影を残す謎めいた生きもの 900万年前の姿をとどめるホソロリス…162

たくましく生き続けるアジアゾウ 人とアジアゾウの共存への道…164

2度の環境変動によって移動した生きものたち…166

独特の子育てをする動物たち…168

西ガーツ山脈に生きる珍しい動物たち…170

11 東アフリカ・古代湖
魚たちが大進化を遂げた古代湖……172

激しい生存競争を勝ち抜くため驚異の進化を遂げた魚の世界…174

大地の裂け目に誕生した湖 想像を絶する生存競争が待っていた…176

食べ物をめぐる競争によって急速に進化した奇妙な魚たち…178

子孫を残すために「子育て」を進化させたシクリッド…180

口内保育で子孫を残す…182

稚魚を守るためのさまざまな進化…184

托卵で子孫を残すナマズ…186

12 日本
偶然が生み出した奇跡の島……188

生き残るために進化した動物たち…190

豊かな森をもたらした暖かい海流の奇跡…192

氷河期によって運命が変わったニホンザル…194

逆境を乗り越え進化したニホンザルの生態…196

亜熱帯地域で独自の進化を遂げた動物たち…198

両生類の王国で水を利用し独自に進化した生きものたち…200

元々は森の生きものだったホタル…202

関連資料　生物多様性ホットスポット一覧……204

1 マダガスカル
太古の生命が宿る島

アフリカ大陸の東、インド洋に浮かぶ島マダガスカル。
アフリカといえば、一般的にはライオンやゾウなどが想像されるが
この島にはそのような動物はいない。
ここには、独自の進化を遂げた珍しい生きものたちが数多く暮らしている。

日本からおよそ11500km離れたアフリカ大陸の東に浮かぶ、世界で4番目に大きな島。広さは日本列島の約1.6倍にも及ぶ。

独自の進化を遂げた生きものたちの宝庫

マダガスカルに生息する動植物のおよそ8割が、この島でしか見ることのできない固有種だという。
そのなかでも爆発的な進化を遂げたのが、キツネザルの仲間。この島だけで80種近くもいる。
その姿、形、生態は実に多様。この地球上に、こんな生きものがいたのかと
驚くばかりのキツネザルたちのバリエーションを、目の当たりにすることができる。

ベローシファカ

マダガスカルの自然を特徴づける代表的な生きものたち

アイアイ

インドリ

ワオキツネザル

チャイロキツネザル

ハイイロジェントル
キツネザル

ヒロバナジェントル
キツネザル

キンイロジェントル
キツネザル

ホソスジマングース

フォッサ

アカビタイキツネザル

ハリテンレック

ミズテンレック

コモンテンレック

オナガテンレック

グランディディエリー
バオバブ

不思議な生きものの誕生の秘密
隕石の衝突から固有種の宝庫へ

マダガスカルにしかいない不思議な生きものたちは、一体どのようにして生まれてきたのだろうか？
その答えは、島が現在までにたどってきた長い道のりにある。
さまざまな大異変や偶然が重なって、固有の生きものたちが誕生したと考えられている。

隕石激突で気候激変
巨大隕石が地球に激突。衝撃で舞い上がった塵の分厚い層が大気を覆い、地球全体の気候が劇的に変化した。この気候変動が、マダガスカルでも恐竜など多くの命を奪った。そのような状況で生きながらえたのは、昆虫や小型のは虫類など、ごく限られた生きものたちだけだった。

6550万年前

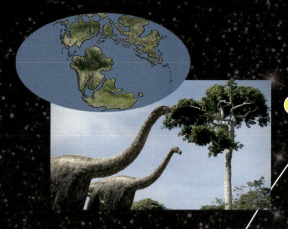

8000万年前

大陸分裂
1億5000万年前からゴンドワナ大陸は分裂を始め、およそ8000万年前までには、マダガスカルはほかの大陸と完全に分離。そこには恐竜たちが闊歩する姿があった。

1億5000万年前

巨大な大陸
マダガスカルとアフリカ大陸、南アメリカ大陸、南極大陸、そしてオーストラリア大陸は、「ゴンドワナ」とよばれる巨大な大陸の一部だった。マダガスカルのシンボルといわれるバオバブの木の祖先は、この巨大な大陸で生まれたといわれている。

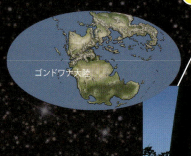

ゴンドワナ大陸

1000万年前
モンスーン気候の誕生
のちにインドとなる大陸がアジアと激突。ヒマラヤ山脈が誕生した。世界の屋根ともいわれるヒマラヤ山脈は大気の流れに大きな影響を与え、モンスーン気候を生んだ。その影響がマダガスカルにも及び、1年の半分は乾燥、残りの半分は激しい雨という極端な気候が誕生した。

4000万年前
乾燥から
およそ4000万年前、マダガスカルが北上し、湿潤地域に入ったことで雨が降り、熱帯の森が誕生した。

6000万年前
巨大なサイクロンの存在
この時期、定期的に巨大なサイクロンが東アフリカを襲っていたと考えられている。その大量の雨によって川が氾濫する事態にも。

多様な環境の誕生によってキツネザルが多様化
熱帯雨林が誕生し、多様な環境が生まれるなかで、さまざまな食べ物を食べるように進化していった。

キツネザルの祖先が海を渡った！
アメリカ・デューク大学のアン・ヨーダ博士によるDNAの分析でキツネザルの祖先はアフリカにいたこと、そして6000万年前にマダガスカル島にやってきた可能性が高いことがわかった（P.18 参照）。

サイクロンが木をなぎ倒し、たまたま木のウロで休んでいたキツネザルの祖先もろとも海へ押し流したのかもしれない。

キツネザルの祖先を乗せた木は大海原へ流され、それが偶然マダガスカルに着いたと考えられている。

大異変を生き延びた生きものたち
この大異変を生き延びることができたのは、わずかな食べもので命を繋ぐことのできる、昆虫や小型のは虫類などごく限られた生きものだけだった。キサントパンスズメガというガは、コメットランという植物と密接な関係を結ぶことでともに進化してきた。

キサントパンスズメガ
体長約7cmのガ。ランの蜜を吸えるように20cmもの長い吻（ふん）をもつ。

コメットラン
ランの一種。花の付け根から約20cmもの長さの管が伸びており、底には蜜が溜まっている。

キサントパンスズメガは甘い蜜を独占する代わりに、ランの花粉を運ぶ役目を果たしている。

特別な能力と偶然が重なり海を渡ってきたキツネザル

マダガスカルにやってきて、多種多様な独自の進化を遂げたキツネザル。その誕生にはキツネザルの祖先がもっていたと思われる特別な能力と偶然が重なったと考えられている。

アフリカから流されてきた!?

木のウロの中に身を潜める習性のあったキツネザルの祖先が、サイクロンの影響を受けて木もろとも流された。それが偶然、マダガスカルに到着したのではないかと考えられている。

特別な能力「休眠」

アフリカからの距離は約500km。その漂流中、飲まず食わずで生きながらえることができたのは、祖先に近い生態をもつネズミザルのある特殊な能力にヒントがありそうだ。それは「休眠」という能力だ。これは、長時間にわたってなにも食べずに深い眠りに入るという特別な能力。休眠すると代謝が落ちて、少ないエネルギーで生き延びることができる。キツネザルの祖先も、この休眠能力があったと考えられる。

ネズミキツネザル
夜行性。体長はわずか10cm程度で、人間の手のひらにすっぽりおさまる大きさ。昼間は木のウロの中で休む。

ネズミキツネザルの1年

雨季の終わり

狩りの真っ最中。数日間ひたすら食べ続け、この時期に栄養を足や尾に蓄える。体重は4割ちかくも増えるという。

約1ヶ月後

雨季の終わりから食べ続けたネズミキツネザル。食べ物がなくなり乾季になると、5ヶ月の間なにも食べずに深い眠りにつく。そして、乾季が終わるとすぐに繁殖活動に入る。

新しい命の誕生。生後わずかの頃は、人間の親指くらいの大きさしかない。

乾季の終わり

乾季 / 休眠

ネズミキツネザルの暮らすマダガスカル西部の森は、乾季になると景色が一変。川はカラカラに干上がり、バオバブの木は次々と葉を落とす。食べ物が少なくなり、ネズミキツネザルは深い眠りへ。約5ヶ月の間なにも食べない「休眠」状態になる。

乾季が終わり、森に緑が戻ってくると、休眠から目を覚ます。体に蓄えた脂肪を使いながら、長く厳しい季節を乗り越えるとすぐ繁殖活動に入る。

爆発的に増えたキツネザル①
森の恵みを利用して進化

アフリカからマダガスカルにやってきた
キツネザルの祖先はたった1種。なぜその1種が、
現在見られる80種へと進化を遂げたのだろう。
そこには多様な環境が関係している。

6000万年前

果実や昆虫の幼虫を食べる
アイアイ
頑丈な歯を使って果実の殻に穴を開け、特徴的な細長い中指で中の果肉をほじくり出して食べる。

アイアイ誕生

たった1種のキツネザルの祖先が
マダガスカルにたどり着いたとき、
島全体は今よりも乾燥した地域に位置していた。
DNAの分析から、この時期に新たな種
「アイアイ」が誕生したことが確認された。
乾ききった大地で、水や食べ物を得るために進化してきた結果、
アイアイは、特殊な姿形になったと考えられる。

4000万年前

乾燥から湿潤な地域へ

ほかの大陸から分かれたマダガスカルは、
その後も年に数cmの速度で北へと移動。
やがて湿潤な地域へ入ると、
海からの湿気を含んだ空気が山にぶつかり、
雨雲を生み出した。
そして乾ききった大地に湿潤な森が生まれた。

木の葉を食べる
インドリ
キツネザルのなかで最も大きな種。体長はおよそ70cm、体重は10kg近くにもなる。得意技はジャンプ。1回のジャンプで10mも飛ぶことができるという。木と木の間が離れている森に適した移動能力を備えている。

森の誕生によって生まれたキツネザル

雨によって熱帯の森が誕生したことで、
キツネザルたちは森がもたらすあらゆる恵みを利用するように進化し、
その種類を増やしていった。

昆虫や植物を食べる
ネズミキツネザル
夜行性で日暮れとともに活動を始める。体長は約10～20cm。ネズミキツネザルの仲間には、バオバブの蜜をなめるものもいる。花にやってくる昆虫を探すうちに蜜をなめるようになったのではないかと考えられている。

島の北上によって熱帯の森が誕生

大陸から分裂したマダガスカルは年に数cmの速度で北へと移動していた。やがて熱帯地域に入ると島には雨が降るようになり、熱帯の森が誕生した。キツネザルは、森がもたらす新たな果実や昆虫、樹木やその樹液にいたるまでさまざまな恵みを利用するように進化し、その種類を増やしていった。

キツネザルの仲間
キツネザルはふさふさした長い尾をもつものが多い。ワオキツネザルのように、地上を歩くキツネザルもいるが、ほとんどが樹上で生活する。前方に向いた両眼で立体視することができる。

果実を食べるフトオコビトキツネザル
夜行性で、体毛は短く密生し、背は淡灰色、腹部は白やクリーム色をしているキツネザル。尾に脂肪を蓄え、乾季の少なくとも6ヶ月は休眠状態に入る。

木の実を食べるチャイロキツネザル
樹上で行動し、うっそうとした森林を好むキツネザル。20匹にもなる群れをつくって生活することもある。

樹液をなめるフォークキツネザル
主に幹や枝の樹液をなめる。黒っぽい線が後頭部を通って2本に分かれ、眼を取り囲む暗色の環状模様に繋がっている。

爆発的に増えたキツネザル②
分断された生息地で共存・別種へと進化

1年の半分は乾燥し、半分は激しい雨というモンスーン気候の誕生は、再びマダガスカルの環境を大きく変えることとなり、この変化によってキツネザルの多様化がさらに加速された。

モンスーン気候の影響下で生き延びるために別種へと進化

マダガスカルから遠く離れた地で誕生したヒマラヤ山脈は、地球の大気の流れに大きな影響を及ぼし、その結果モンスーン気候が生まれた。これによりマダガスカルは1年の半分は乾燥、残り半分は激しい雨という、極端な気候となった。雨季の大雨の影響で新たな川が次々とでき、陸地が分断され、小さな島のような環境が誕生した。分断によって交流が途絶えることで新たな種が誕生したり、中には、資源が限られた環境の中で、同じ食べ物の部位を食べ分けることで争いを避け、共存の道を歩んだジェントルキツネザルのような種も生まれた。

①雨季に降る大量の雨

雨季の大量の雨は、新たな川を生み出した。

②川で生息地が分断

新しくできた川によって、大地を分断されたキツネザルは小さな森に閉じ込められた。

③新たな食べ物を発見

川によって分断され、小さな島のようになった環境の中で、キツネザルの仲間の中には、竹という新たな食料に目をつけたものが現れた。

竹の異なる部分を食べる3タイプのサル

竹の葉は繊維が多く消化しにくい食べ物だが、その竹を食べるキツネザルがいる。しかし乾季になると竹の葉は堅くなり食べられなくなってしまう。ニューヨーク州立大学ストーニーブルック校のパトリシア・ライト博士は、竹の葉が堅くなる乾季のピークに、竹の異なる部分を食べることで共存、別種へと進化していった3タイプのサルを発見した。

ハイイロジェントルキツネザル
葉のつけ根の部分を食べる。

ヒロバナジェントルキツネザル
力づくで竹の幹をかみ砕き、内側の柔らかい部分を食べる。

キンイロジェントルキツネザル
致死量をはるかに超える青酸が含まれるタケノコを食べる。青酸を消化器系で処理し、体内で解毒できるように進化。

同じ竹でも異なる部位を食べ分け、争いを避けることが新たな種を生み出す原動力となった

キツネザルの楽園を脅かすマングース
別の動物に似た姿に進化した生きものたち

マダガスカルには大きな捕食者が存在せず、キツネザルたちは楽園を満喫していた。
しかし、その楽園に思わぬ敵が現れた。
ヒョウのような姿に進化したマングースなどがキツネザルにとって脅威となった。

ヒョウのような姿のフォッサ

マングースの仲間であるフォッサ。体長はおよそ1m。ライオンやヒョウのようなライバルとなる肉食動物がいないマダガスカルで、マングースがヒョウのような姿に進化し、キツネザルにとって脅威となった。見るからにどう猛そうな顔つきで、鋭いかぎ爪をもつ。木登りが得意なハンター。

狙う

フォッサの不思議な繁殖行動

フォッサは乾季の終わりに繁殖を始める。メスは毎年同じ木に登り、フェロモンを出してオスを引きつける。メスは、ライバルを退けた1番強いオスとの交尾を終えると、次に2番目に強いオスを受け入れる。このようにメスが一度に複数のオスと交尾をするのは、ほ乳類のなかでも極めて珍しい。しかし、フォッサがなぜこうした繁殖方法をとるのかはまだよくわかっていない。

キツネザルの「ジャンプ力」はフォッサから逃げるため?

キツネザルのジャンプ力は、木登りが得意なフォッサから逃れるために進化したと考えられる。

フォッサの仲間

体長はおよそ30cm。肉食だが、体が小さく木登りが得意ではないため、キツネザルたちの天敵とまではならなかった。DNAの分析から、休眠能力を備えた祖先が、森が誕生した頃にアフリカから流れ着いたと考えられている。

ほかの動物そっくりな姿をしている生きもの

フォッサだけが、ほかの動物そっくりの姿になったわけではない。テンレックも同じようにほかの動物そっくりな姿をしているものたちがいる。

ハリネズミにそっくり!
ハリテンレック

トガリネズミにそっくり!
オナガテンレック

恐竜絶滅後に多様に進化した生きものたち

隕石衝突がもたらした、生きものたちの大量絶滅。
生き残ることができた小さな生きものたちは多種多様な進化を遂げた。

70種！独特な姿のカメレオン

小さなトカゲの仲間から誕生したカメレオン。数百万年にもわたる進化の結果、独特な姿や生態をもつようになった。左右別々に動く目で、あらゆる方向にいる獲物を探すことが可能。遠くの獲物を捕えるための長い舌を備えている。現在マダガスカルには、70種ものカメレオンが生息している。

ビヨーンと伸ばして虫を捕らえる舌は、全長よりも長い種もある。

丸く突き出した左右の目をキョロキョロと別の方向に動かして、獲物を探す。

カメレオンの最大の特徴は体の色を変えること。岩や葉と同じ色の保護色になる。また、敵を威嚇したり、メスに求愛したりするなど、「感情」によって体の色を変えることもできるという。

隕石衝突で生き延びることができた生きものたち

隕石衝突の大異変を生き延びることができたのは、
昆虫などのごく限られた小型の生きものたちだけだった。

両生類

マダガスカルアデガエル

は虫類

ヘラオヤモリ

昆虫

ジラフビートル

なぜ絶滅？人と自然はどう折り合いをつけるのか？

左がインドリ、右がメガラダピスの頭がい骨。メガラダピスの体重はインドリの10倍はあったと推定される。

　数々の試練を乗り越えて、大繁栄したキツネザルの仲間たち。なかには、想像を超えた種がいたことも明らかになっている。

　サファイアの産地として知られるマダガスカル南部イラカカは、古生物学者にとっても宝の産地だ。サファイアの採掘中、偶然巨大キツネザルの頭がい骨が発掘された。アルマン・ラスアミアラマナナ博士が化石を分析した結果、今では絶滅してしまった巨大キツネザルの頭がい骨であることが判明した。「メガラダピス」と名付けられたこのキツネザルは、体重はおよそ100kgもあったと推定されている。ほかにもゴリラやヒヒのような姿をしたキツネザルが、16種いたことが確認されている。ところがこのキツネザルたちは数百年前に突如姿を消した。それは2000年前にマダガスカルにやってきた、1種のほ乳類「人間」の仕業だった。人間が次々と森を切り開き、焼き畑などを始めた結果、原生の自然の90%が失われた。生息地が失われるにつれて、多くの食べ物を必要とした大型のキツネザルから姿を消していったと考えられている。

　今のマダガスカルには、国立公園以外にはほとんど森がない。電気やガスを使えない地元の人たちが、生活に欠かせない薪を得るために木を伐採したためだ。

　人間と自然、そしてそこに棲む生きものたちは一体どのようにして、折り合いをつけていけばいいのだろうか？

キツネザルのいるところ
ラヌマファナ国立公園

1991年に国立公園に指定された、面積約4万ha（ヘクタール）の熱帯雨林。キツネザルのほか、昆虫、は虫類、両生類、鳥類、300種を超えるクモなどが生息しているという。2010年、マダガスカル東側に位置する5つの熱帯雨林国立公園とともに、「アツィナナナの雨林群」としてユネスコ危機遺産（危機にさらされている世界遺産）に登録された。

2 ブラジル

からっぽに見えて
奇妙な生きものたちに溢れている草原

ブラジルのリオデジャネイロから1200km。
世界遺産にも登録されている貴重な自然の宝庫エマス国立公園は
「セラード」とよばれる広大な草原地帯の中にある。
200万km² もの面積をもつこのセラードには、巨大なアリ塚が立ち並ぶ。
気温30℃を超える乾燥した大地には驚くべき生態がある。

ブラジルは日本から約17000km離れたところにある。セラードとよばれる一帯は、1年の半分が極端に乾燥した気候で、生きものが棲むには過酷な大地だ。その広さは日本のおよそ5倍にもなる。

乾いた大草原で生きる生きものたち
独自の生態系が生まれた"セラード"

ポルトガル語で「閉ざされた」という意味をもつセラード。
4月～9月の乾季は全く雨が降らず、極端に乾燥しているため、大きな木も育たない。
しかし、この地は独自の生態系がある場所として近年世界的に注目されている。

タテガミオオカミ

セラードの自然を特徴づける代表的な生きものたち

オオアリクイ　フサオマキザル
レア　ボアコンストリクター　ムツオビアルマジロ　シロアリの仲間
アリツカゲラ　アナホリフクロウ　ヒカリコメツキムシ（幼虫）　ハキリアリ

なぜ草原に大型の草食動物がいないのか？
草食動物を襲った環境の激変

セラードの風景はアフリカの草原・サバンナと似ている。
しかし、ここにはシマウマやヌーのような草食動物が見当たらない。
見えるのは、草原にそびえ立つ無数の土の塊、アリ塚だ。
なぜほかの大陸にいるウシのような草食動物たちがいないのか？
そこには、さまざまな大異変や偶然が関係している。

寒冷化により森林から草原へ

大陸移動によりオーストラリアは南極から分裂。冷たい海流が南極大陸の周りを流れ、南極大陸は氷に覆われる。南極に最も近い南米大陸は寒冷化し、森林は後退。新たな植物が大地を覆うようになった。成長の早い草が一面を覆い、以降の南米の風景を一変させたのだ。

3400万年前

1億5000万年前

大陸分裂開始
それまで1つだったゴンドワナ大陸が分裂を始め、南米大陸が孤立する。

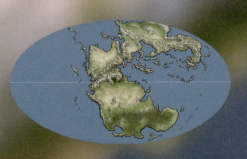

3億年前

シロアリ出現
3億年前に現れて以来、現在まで繁栄している。

草原から森へ

数百万年前から現在までの間、地球の気温は暖かくなったり、寒くなったり、短い周期で大きな変動をくり返してきた。暖かくなると雨が降るようになり、草原だった場所には森が広がった。草原で草を食べていた草食動物は、森の生活に適応できず、大きく数を減らしたと考えられている。

1万年前

300万年前

地殻変動！南米と北米が陸続きに

火山によって地殻が隆起して、南米大陸と北米大陸が陸続きとなり、動物たちは相互に行き交った。

人間が南米へ

1万数千年前、北米からやってきた人間が狩りをすることで、南アメリカ特有の大型の草食動物たちを絶滅へと追いやったと考えられている。

草食動物を追って肉食動物が流れ込む

北米からジャガーの祖先やサーベルタイガーなどの肉食動物が渡り、南米の草食動物たちを襲い、絶滅へと追いやった。

南米独特のほ乳類が進化

南米に生息していたほ乳類の祖先は、ほかの大陸から影響を受けることなく独自の進化を遂げていった。近年、多くの草食動物の化石が発見されたことで、さまざまな種類の草食動物がいたことがわかってきた。（ケース・ウェスタン・リザーブ大学　ダーリン・クロフト教授）
南米特有の草食動物には「南蹄類(なんているい)」などがいる。

南蹄類の捕食者

この時代の捕食者は飛べない鳥の「フォルスラコス」。体長は３ｍもあり、大きな体で素早く走り、獲物を捕らえていた。

（CGによるイメージ再現）
南蹄類とは蹄を備えた生きもので、なかには馬のような姿のものもいた。

（CGによるイメージ再現）
飛べない鳥「フォルスラコス」。

アリ塚とともに進化し、生きてきた生きものたち

セラードに無数に立ち並ぶアリ塚と、生きものはどのようにかかわって生きてきたのだろうか。アリ塚を形成するシロアリを主食とする生きものやアリ塚の恩恵にあずかる生きものを紹介する。

①アリ塚で子育てをするアリツカゲラ

大きな木がないセラードでは、アリ塚は貴重な子育ての場所にもなる。キツツキの仲間であるアリツカゲラは、コンクリートのように堅いアリ塚に直径10cmほどの穴をあけ、その中でヒナを育てる。

アリ塚の分厚い土の壁は、天災にも耐えられる強度を備えている。乾季の終わりに落雷があると、乾いた草原は焼け野原に一変する。しかし、頑丈なアリ塚なら、巣の中にいるアリツカゲラのヒナも炎から守ってくれる。

②シロアリを食べるオオアリクイ

南米で独自に進化したほ乳類。アリやシロアリを主食としており、1日におよそ3万匹ものシロアリを食べる。

セラードで暮らすほかの生きものたち

アリ塚とともに進化してきた生きものたち以外にも、セラードには多くの生きものたちが生息している。硬いヤシの実を道具を使って割るサル、火事になると地下にもぐって逃げるヘビ……。彼らもまた、セラードで生き抜くために進化してきた生きものたちだ。

フサオマキザル

乾燥した草原が広がり、食料の乏しいセラードで、ヤシは1年中実を付ける貴重な食料。しかし殻はとても硬く簡単には割れない。このフサオマキザルたちは、ときには自分の体重ほどもある重い石を持ち上げてヤシの実を割る。そのため足と背中の筋肉が鍛えられ、まるで人間のように二本足でまっすぐ立つことができる。

硬いヤシの実を石などに打ちつけて割る。

③アリ塚を利用し、狩りをするアナホリフクロウ

アリ塚を中心に暮らすフクロウ。昼間も活動し、昆虫やネズミを捕食する。ねぐらは地面の穴で、ほかの生きものが掘った穴を利用するという。狩りではアリ塚を見張り台として、獲物が現れるのを待つ。

④アリ塚の住人、3億年生き抜いたシロアリ

アリよりも原始的で、昆虫に備わっているケラチンの殻がないため、直射日光や乾燥に弱い。そのためアリ塚の中で、直射日光を避けて暮らしている。

⑤シロアリを食べるアルマジロ

大きな爪でアリ塚の周りを掘り、シロアリを見つけ出して食べる。背中を覆う甲羅は、体の毛が変化したもので、外敵から身を守るために進化した。警戒心が強く、身の危険を感じるとすぐに地面に穴を掘って隠れてしまう。

レア

見た目はアフリカのダチョウに似ている大型の走鳥類（飛べない代わりに走ることが得意な大型の鳥類）。ダチョウのオスがするように、レアもオスが卵の世話をする。

ボアコンストリクター

ヘビの一種。全長4mほどに成長し、体重は45kgを超えるものもいる。毒は持っていない。主に丸太のウロや、使われなくなったほ乳類の巣穴に棲む。セラードが火事に包まれると、地下にもぐって生き延びる。

なにからなにまで規格外の奇妙な生きもの
シロアリを食べるために進化したオオアリクイ

オオアリクイはシロアリやアリを食べるために究極に進化した生きもので、そのためのさまざまな機能や能力を備えている。

剛毛に覆われた体
アリ塚を壊すと兵隊アリが攻撃をしてくる。だが、硬い毛のおかげで、シロアリをなめ取る間もかまれない。

手の甲をついて歩く
アリ塚を破壊しシロアリを食べるために、かぎ爪は15cm程度伸びていて、そのままでは歩きにくい。そのため手の甲をついて歩くように進化した。

撮影者　湯川宜孝

アリ塚の中のシロアリを食べるために進化したオオアリクイ

オオアリクイはむやみにシロアリを食べているのではない。1つのアリ塚で食べるのは、長くて2分程度。広い草原を歩き回り、たくさんのアリ塚から少しずつ食べ、1つのアリ塚を食べ尽くすことなく必要な量を確保している。オオアリクイは、シロアリたちが修復できる程度にアリ塚のダメージをおさえている。オオアリクイとシロアリは共存しているのだ。

エネルギーを節約するオオアリクイ

オオアリクイにとってシロアリは、決して栄養豊富な食べ物ではない。そのため、さまざまな方法でエネルギーの消費をおさえている。1日のうち、14時間を寝て過ごす。また、多くのエネルギーを消費する脳は体に比べるととても小さく、オリーブほどの大きさしかない。さらに、体温は32℃。陸に棲むほ乳類のなかで最も低いといわれる。そして、子育ての長さ。生まれた直後から独り立ちするまで約1年半、ずっと母親は背負って育てる。背中にいる子どもも1日の大半を寝て過ごす。シロアリやアリを栄養源として生きていけるようにエネルギーの消費をおさえた生態へと進化を遂げてきたと考えられている。

弱い視力
視力は弱く、近くまでいかないと見えないという。

鋭い嗅覚
人間の40倍もあるという嗅覚でシロアリの居場所を見つける。

歯がない口
細長い顔の先端にある口は小さく、歯が1本もない。アリ塚を爪で壊し穴を開けると、この口を差し込み、目にも止まらぬ速さで舌を出し入れしてシロアリを食べる。1つのアリ塚で2分程度食べては、次のアリ塚へ移動することをくり返し、1日に約3万匹ものシロアリを食べる。

長さが体の約3分の1もある舌
頭から尾までおよそ2m。舌は60㎝もある。この長い舌を伸ばして、巣の中のシロアリをなめ取る。この長い舌は強力な粘液で覆われており、シロアリを一気に舌にからめて食べる。

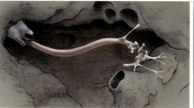

高速で動く舌の根元は胸の筋肉に繋がっていて、胸の筋肉が高速で収縮することで1分間に約150回も出し入れしている。

100万匹が暮らす社会 アリ塚を守るシロアリ

シロアリのアリ塚は、常に捕食者たちから狙われている。
それにもかかわらずなぜ巣がなくならないのか。
そこには役割を分担しながら暮らすシロアリの社会があった。

役割分担をして暮らすシロアリ

大きなアリ塚では巣におよそ100万匹の
シロアリが暮らす。働きアリや兵隊アリ…
それぞれが役割を分担して、巣を守って
いる。

食べ物を運び塚をつくる働きアリ

最も数が多い働きアリ。塚をつくったり食べ物を運んだりする。アリ塚を何十年もかけて築き、いくつもの小部屋を通路で繋いで迷路のようなつくりにする。

巣が襲撃を受けると…

壊れた場所に唾液やフンで土を貼り付けて、素早く補修する。人海戦術であっという間に穴をふさぐ。

なぜシロアリとオオアリクイは生き残ったのか

気候に応じて食べ物を変更した

3億年前に現れて以来、地球上で繁栄
しているシロアリ。地球環境が変動し、
草食動物が絶滅していくなかでも、生き
延びてこられたのは、草原では草を食
べ、森が広がった際には木を食べるとい
うように環境の変化に対応できたから。
そして、オオアリクイはこのシロアリを
主食にしていたからこそ生き延びてこら
れたと考えられている。

環境の変化に対応できたシロアリは生き延びることができた。

ほかの草食動物が絶滅するなか、主食のシロアリが豊富だったオオアリクイは生き延びることができた。

唯一無二の存在
女王アリ
地下の個室の奥深くに横たわり、コロニーを支配する女王アリ。1つの巣に1匹しかおらず、唯一卵を産むことができる存在。1日に数千個もの卵を産むといわれる。

女王から生まれた
次の世代が
雨季に飛び立つ

守る

生殖能力をもった次世代
羽アリ
10月下旬の雨季。アリ塚から羽の生えたシロアリたちが姿を現す。普段は塚の中で暮らす特別なアリが、1年に1度羽を生やして大空へと飛び立つ。そこで違う巣の相手と出会い、新たな家族をつくる。

塚を守る
兵隊アリ
オレンジ色の頭に大きなアゴをもっているのが塚を守る兵隊アリ。巣が襲撃を受けると駆けつけ、相手にかみつく。そのために頭部は特殊な形状をしているが、自分で食べ物を採取することはできない。

乾季が終わると緑のオアシスに
落雷によって火事が起こり、激しい炎はアリ塚を飲み込む。しかしアリ塚の土の壁は頑丈で炎に覆われてもびくともしない。アリヅカゲラやアナホリフクロウのようにアリ塚を住みかにしている生きものたちを守り、貴重な避難所ともなっている。

オオカミとアリと植物の絶妙な関係
互いをうまく利用する生活サイクル

タテガミオオカミとハキリアリ、そしてロベイラの実。
草原に暮らす生きものたちには不思議な命の繋がりがある。

ともに生きるタテガミオオカミとハキリアリとロベイラ

オオカミと名前がつくにもかかわらず、肉食ではなくロベイラという果実を好んで食べるタテガミオオカミ。そのフンの中には、消化されなかった種が含まれている。ハキリアリは、フンの中から種を収穫して地下の巣へと運び、アリが食料にするためにつくるキノコ園の栄養にする。外よりも湿度が高く、栄養豊かなキノコ園に運ばれた種のなかには、発芽し、地上へと伸びていくものもある。タテガミオオカミとハキリアリとロベイラは、お互いの習性を利用して共存している。

果実が主食のオオカミ？
タテガミオオカミの主食は、セラードに実るさまざまな果物。ロベイラの実はとても苦く、ほかの動物は食べない。しかし、その実には、タテガミオオカミの腎臓にいる寄生虫を殺す成分が含まれている。そのため、ロベイラを食べなければタテガミオオカミは、長くは生きられないと考えられている。

ハキリアリの巣上でフンをする
地面より高い場所にフンをする習性があるタテガミオオカミは、ハキリアリの巣の上にフンをする。このフンにはたくさんのロベイラの種が含まれている。

タテガミオオカミ
長いタテガミがその名前の由来。肉食であるオオカミの仲間だが、果物を主食とする。竹馬のように長い足でセラードの高い草越しに周りを見渡すことができるなど草原の生活に適応している。

タテガミオオカミのフンと一緒に排泄されたロベイラの種を運ぶハキリアリ。

"農耕をするアリ" ハキリアリ
乾燥したセラードに雨季が訪れ、いっせいに緑が芽吹き始めると、ハキリアリは、その名の通り緑の葉を切り取って地下の巣にあるキノコ園に運ぶ。それを栄養として育てたキノコを食べる"農耕をする"アリなのだ。乾季の半年は、この育てたキノコを食べて暮らす。

（キノコ園）

ロベイラだけが通年で実を付ける秘密

ほとんどのロベイラは、こんもりと土の盛り上がったハキリアリの巣の上に生えている。それは、タテガミオオカミが排泄したロベイラの種をハキリアリが巣にあるキノコ園に運び、そこから発芽するから。
よく手入れされたキノコ園に運ばれた種から発芽したロベイラは、栄養が十分行き渡り、乾燥したセラードでも1年中実を付ける。

ロベイラの木

ハキリアリ

セラードに棲むアリの1種。巣の中にキノコの農園があり、葉やタテガミオオカミのフンの中のロベイラの種を運んで、それを栄養にキノコを育てる。

ハキリアリが種を巣に

ハキリアリはロベイラの種を収穫した後、地下の巣へ運び、キノコの栄養にする。

ロベイラの種が巣の中で発芽

巣の中に運ばれた種の中には、発芽し、地上へと成長していくものもある。そのため、ハキリアリの巣の上で育つロベイラが多いのだ。

生きもの同士の命をめぐる駆け引き

雨季のセラードで夜に見られる幻想的な光のショー。
それは、厳しい環境で生き残るための壮絶な命の輝きだった。

美しく輝く
ヒカリコメツキムシの幼虫

雨季、美しく幻想的な輝きを放つのは、ヒカリコメツキムシの幼虫。1年中アリ塚に居候し、移動はしないという。幼虫は動くことができないため、光ることで獲物の虫をおびき寄せ食べるのだ。虫を食べて栄養を蓄えながら、3年ほどかけて成虫になる。そして成虫になるとなにも食べずに次の世代を残して死んでいく。

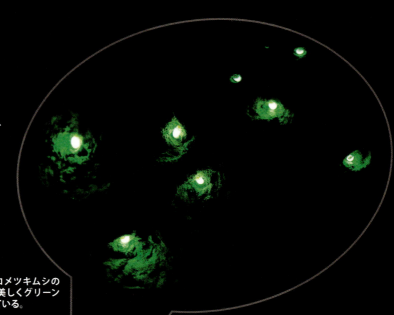

ヒカリコメツキムシの幼虫は美しくグリーンに光っている。

1年に1度大空へ飛び立つ羽アリ
羽アリの発生は、ヒカリコメツキムシの幼虫が光る前兆だという。ヒカリコメツキムシの幼虫の発光に引き寄せられ、羽アリは捕食されてしまう。

不毛の大地から世界有数の穀倉地帯へ

力なく道路に横たわるオオアリクイ……。年々車にひかれるオオアリクイの数が増えているという。アリ塚を求めて広い範囲を歩き回らなければならないオオアリクイになにが起こっているのだろう。

車にひかれたオオアリクイ。

進む草原の開発

不毛の大地だと思われていたセラード。しかし灌漑技術の発達によって、世界有数の穀倉地帯へと生まれ変わった。草原の隅々まで道路が張りめぐらされ、作物を運ぶトラックも増加した。

次々と壊されていくアリ塚

大規模な機械式農業にとって、アリ塚はただの障害物でしかない。そのためセラードの生態系を支えるアリ塚は次々と壊されていく。近年の開発でセラードの面積は50年前と比べて80％が失われてしまった。シロアリにダメージを与えすぎないように、1つのアリ塚に長居しないオオアリクイ。アリ塚を求めて広い範囲を歩き回るためには、道路を横切らなければならない。しかし、そのためにオオアリクイが車にはねられる事故が絶えない。

一面のトウモロコシ畑となったセラード。

無数のアリ塚が立ち並ぶ光景が見られるのはここだけ

エマス国立公園

ブラジルの真ん中にある大乾燥地帯、セラードはとにかく広い。日本の5倍の面積をもつほぼ真っ平らな大地。しかし、現在、無数のアリ塚が立ち並ぶ風景が見られるのはエマス国立公園だけ。ブラジルへは直行便がないため、乗り継ぎで向かう。エマス国立公園への飛行時間は、アトランタ経由でブラジルの主要都市、サンパウロやリオデジャネイロまで日本から24時間。さらに2時間かけて地方空港に到着し、そこから車で8時間かかる。

3 ナミブ砂漠
沿岸に広がる世界最古の砂漠

アフリカ・ナミブ砂漠は、世界最古の砂漠といわれ、その歴史は500万年とも5000万年ともいわれている。
日中は気温が40℃を超えることもある、世界でも数少ない乾燥地のホットスポット。
吹き荒れる砂は大地に異次元の世界をつくり出した。そこに棲む住人たちもまた変わっている。

ナミブ砂漠が位置しているのは、日本からおよそ14700kmの場所にあるアフリカ大陸南西部。南北2000km、東西160kmにも及ぶ海岸沿いに発達した珍しい砂漠だ。海沿いの乾いた砂漠から、内陸にいくと岩山の砂漠があり、その先には草原地帯が広がっている……。その多様な環境はどれもが乾いていて、生きるのに厳しい土地だ。

飢えと渇きによって進化を遂げた生きものたち

砂漠の気温は40℃近く。年間降水量は50mmにも満たない。
地球上で最も乾燥している場所の1つだ。
生きものが暮らしていくには極めて過酷な環境。
しかし、意外にも多くの生きものたちが暮らしている。

ナミブ砂漠の自然を特徴づける代表的な生きものたち

セグロジャッカル

オオミミギツネ

サバクキンモグラ

アフリカゾウ（砂漠ゾウ）

ミナミアフリカオットセイ

ナマクアカメレオン

アードウルフ

ツチブタ

アンチエタヒラタカナヘビ

チャクマヒヒ

ゴミムシダマシの仲間

ペリングウェイ・アダー

ミズカキヤモリ

なぜ世界で最も乾燥している場所の1つになったのか？
海流が生み出した砂漠の歴史

極限まで乾燥したナミブ砂漠に適応していった生きものたち。
世界で最も古いといわれるこの砂漠は、海沿いに発達した珍しい砂漠だ。
この砂漠の成立にはベンゲラ海流が深くかかわっている。

ベンゲラ海流によって砂漠に

乾燥化の鍵を握っていたのが、南極方向から流れて来る冷たい海流、ベンゲラ海流。大西洋から吹いてくる湿った空気が、海流によって冷やされる。冷たい空気は重く、上昇気流が起きない。そのため雨雲が形成されることがなく、大地の乾燥化が進んだ。こうして独特な砂漠が誕生した。

5000万年前

ナミブ砂漠の誕生

ゴンドワナ大陸の分裂後、広大な海岸ができたナミブの沿岸は数百万年に及ぶ浸食によって、広漠とした平原へと姿を変えていった。

1億2000万年前

アフリカ大陸の独立

1億2000万年ほど前、今のアフリカと南米にあたる大陸が分裂する。

独自の進化を遂げたアフリカ獣類

1億年もの間、アフリカはどの大陸とも繋がることがなく、生きものたちは独自の進化を遂げてきた。その1つがアフリカ獣類というグループ。祖先はネズミのような姿をしていたと考えられている。それが長い時間のなかで、あるものはツチブタのような奇妙な姿になった。また、地上最大の動物、アフリカゾウや、サバクキンモグラもアフリカ獣類のメンバー。これらの生きものたちは実は同じルーツをもつ仲間だ。

2000万年前
大陸が繋がる
2000万年前、アフリカ大陸はユーラシア大陸と繋がった。

3000万年前

3000万年前、ハイエナの祖先出現
ハイエナの祖先が現れたのはおよそ3000万年前。現在のヨーロッパに初めて出現したと考えられている。

ハイエナの祖先がアフリカへ
ハイエナの祖先「プロティクティテリウム」がアフリカへと移り棲んだ。初期のハイエナは、樹上生活に適応していた。昆虫や鳥、木の実などを食べる雑食性だったという。

（CGによるイメージ再現）

1000万年後
シロアリ専門に
1000万年ほど前、特殊な進化の道を選んだのが、ハイエナの仲間であるアードウルフだ。ほかの肉食動物との競争を避けるため、アードウルフはシロアリを食べ始めた。

同じルーツをもつアフリカ獣類の生きものたち

アフリカに生息する多くのほ乳類の共通の祖先は、ネズミのような姿をしていたといわれる。ゾウもそのなかの1つだ。

耳はウサギのように大きく、風変わりな姿をしたツチブタ。

サバクキンモグラは一見モグラに似ているがモグラとは別の生きもの。目は退化してしまって見えない。

砂漠のキーマン シロアリと
シロアリを主食とする動物たち

世界におよそ3000種が生息しているといわれるシロアリは、生命力が強く、砂漠のような厳しい環境でもたくましく生きている。そのシロアリから、生きていくために必要な養分を得ている生きものたちがいる。シロアリが多くの生きものたちのサバイバルの鍵を握っているようだ。

WANTED
砂漠の生態系を支える シロアリ

生命力の強いシロアリは、植物の葉や根、枯れた部分に加え、草食動物のフンなども食べる。砂漠で不要なものを分解し、土に還すシロアリは、砂漠の生態系を支える重要な役割を果たしている。

体液を吸い取るヒヨケムシ

巨大なアゴをしたクモやサソリの仲間。シロアリの巣を好んで襲う。シロアリを次々と運び出し、地面に置くと、シロアリの体液を吸い取り、食料と水分を補給する。

樹上生活から進化 アードウルフ

ウルフという名が付いているが、ハイエナの仲間。ハイエナというと、どう猛な肉食獣を思い浮かべるが、アードウルフはほかの肉食獣との競争を避けるためにシロアリを食べるように進化した。シロアリをなめ取りやすいよう、舌は長く平らになり、粘る唾液でからめ取る。鋭い嗅覚でシロアリを探し出し、一晩に30万匹も食べることもあるという。

ナミブ砂漠の固有種サバクキンモグラ

目は退化して見えないが、シロアリがたてるかすかな振動をキャッチして捕える。

鋭いアゴで捕らえる　アリ

見かけは似通っているが、シロアリはゴキブリの仲間、アリはハチと同じ科に属する。収穫をしに巣から出てきたシロアリを待ち受けている。鋭いアゴで捕らえられたシロアリはまったく歯が立たない。

世界で唯一シロアリを主食とするオオミミギツネ

世界で唯一、シロアリを主食とする珍しいキツネ。巨大な耳で、シロアリが動くかすかな音を聞き分けるという。

細長いブタのような鼻で匂いを嗅ぎ、地中のシロアリを探し当てる。

警戒心が強いツチブタ

ツチブタは細長いブタのような鼻とウサギのように大きい耳をもつ。体長は1m、体重は60kgにもなる。警戒心が強く、これまでほとんど撮影されたことのない幻の動物。ツチブタはシロアリを探して、1日10km以上も移動する。抜群の嗅覚で、シロアリを探し出す。

ツチブタは穴掘りのスペシャリスト。使うのはこの鋭い爪。まず、大きな前足で土を砕き、掻き出す。そして、後ろ足で一気に弾き飛ばす。わずか5分で1mのトンネルを掘ることも可能だという。

ツチブタのおこぼれをもらう鳥

優れた能力をもつツチブタをちゃっかり利用するものがいる。狙いはやはりシロアリ。自分では穴が掘れない鳥たちだ。ツチブタのおこぼれを狙う。

厳しい乾燥と暑さが生み出した規格外の生きもの

日中、70℃にもなる地面の温度。この暑さと厳しい乾燥をしのぐために、独自の水分補給法や、移動テクニックをあみ出した生きものたちがいる。砂漠で生きていくために独自の進化を遂げてきたと考えられている。

キノコを食べるチャクマヒヒ

チャクマヒヒは、砂漠に棲む珍しいサルの仲間で、世界で最も乾燥した地域に暮らす霊長類の1つ。砂漠で手に入るものなら何でも食べ、水分のほとんどを食べ物から得ている。特にキノコは彼らの大好物。栄養豊富で、貴重な水分源でもある。

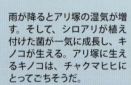

雨が降るとアリ塚の湿気が増す。そして、シロアリが植え付けた菌が一気に成長し、キノコが生える。アリ塚に生えるキノコは、チャクマヒヒにとってごちそうだ。

キノコを育てるキノコシロアリ

シロアリのなかには、特殊なアリ塚をつくるものがいる。キノコの菌を育てるキノコシロアリだ。アリ塚の奥には、枯れ草などを唾液で固めた菌園があり、そこにキノコの菌を植え付けている。そして成長した白い菌糸を食べて生活している。いわば、農耕するシロアリだ。

コミカルなダンスを踊っているように見えるアンチエタヒラタカナヘビ

奇妙な動きをするアンチエタヒラタカナヘビは、トカゲの仲間。熱い地面に長時間触れないように、足を交互に上げる姿は、ダンスを踊っているようだ。

傾斜を登る砂漠ゾウ

乾燥地に生きるアフリカゾウは、「砂漠ゾウ」とよばれている。食料と水を求めて、毎日数十kmもの距離を移動する。ときには高さ300mほどの小高い山を登ることも。山の斜面に生息する「コミフォラ」という木から出る水分たっぷりの樹液が目当てだ。ゾウがこうした急勾配の山を登る例は、世界でもあまり知られていない。

水分をたっぷり含むコミフォラ

一見すると枯れた木にしか見えないが、枝を折ると樹液が染み出てくる。また、幹には水分がたっぷり含まれている。

マメ科の植物キャメルソーン

キャメルソーンの木は、涼しい木陰と食べ物をもたらす。エンドウ豆などと同じマメ科の植物。ゾウは木をゆすって栄養豊富な実を落とす。ゾウにとって大切な食料だ。

体を地面につけないように這うペリングウェイ・アダー

強力な毒をもつヘビ。移動時は、砂に接する面積を減らし、熱い砂に触れないように体をくねらせながら進む。

水分を昆虫からとっているナマクアカメレオン

ナマクアカメレオンは世界で唯一、砂丘に生息するカメレオン。獲物を見つけるとゆっくり忍び寄るのがカメレオンの定番だが、このナマクアカメレオンは時速5kmのスピードで走る。ゴミムシダマシという昆虫を1日に100匹も食べることもあるといわれ、生きるために必要な水分のほとんどをこの昆虫からとっている。

なぜサークルができるのか？　多くの学者が謎の解明に挑戦
スナシロアリの生活スタイルからできた!?フェアリーサークル

砂漠の大地には、フェアリーサークルとよばれる無数の模様が刻まれている場所がある。1つの円は直径5mほどで、中は砂地になっている。何者がつくり出したのか？研究者の間でも長年謎とされてきたが、2013年に有力な説が発表された。

砂漠に無数にあるフェアリーサークルの謎

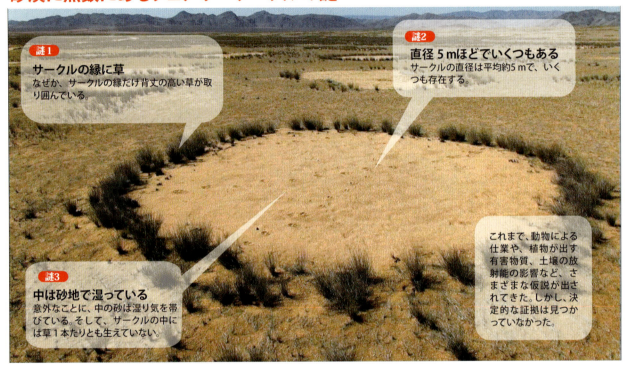

謎1　サークルの縁に草
なぜか、サークルの縁だけ背丈の高い草が取り囲んでいる。

謎2　直径5mほどでいくつもある
サークルの直径は平均約5mで、いくつも存在する。

謎3　中は砂地で湿っている
意外なことに、中の砂は湿り気を帯びている。そして、サークルの中には草1本たりとも生えていない。

これまで、動物による仕業や、植物が出す有害物質、土壌の放射能の影響など、さまざまな仮説が出されてきた。しかし、決定的な証拠は見つかっていなかった。

2013年に有力説登場

フェアリーサークルの正体は？ドイツ、ハンブルク大学のノルベルト・ユルゲンス博士が注目したのは、ほぼすべてのサークルの地中で見つかったというスナシロアリだ。博士の説によると、スナシロアリはまず草原の地下に巣をつくり、そこから四方八方にトンネルを張りめぐらせ、このトンネルを通って食事に出かけるという。また、地中に伸びた植物の根を積極的に食べるので、根をかじり取られた植物はやがて枯れ、風などで吹き飛ばされてしまうというのだ。その結果、植物の生えない砂地があちこちでできる。こうした砂地がフェアリーサークルの正体だと考えたのだ。

暮らしていける環境を自らつくり出すスナシロアリ

乾いた土地では、わずかな水分は植物によって吸い上げられ、地中に水分が留まることはほとんどない。ところが、植物のないサークルの中では、水分が砂の中に浸透し、長い間保たれる。乾燥に弱いシロアリは、湿った環境がなければ生きていくことはできない。シロアリたちは砂漠に、自ら暮らしていける環境をつくり出していると考えられる。

フェアリーサークルができるまで（ユルゲンス博士の仮説）

大地に数多く存在する無数のフェアリーサークル。スナシロアリの不思議な生態によって、この奇妙なサークルがつくり出されたと考えられている。それはシロアリたちの、大地にあるわずかな水を利用するシステムだ。

① スナシロアリたちが、草原の地下に巣をつくる。

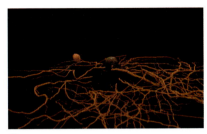
② 巣から四方八方にトンネルをめぐらせていく。

③ スナシロアリはこのトンネルを通って、地中に伸びた植物の根を積極的に食べる。

④ 根をかじり取られた植物は枯れて、風などで吹き飛ばされる。するとそこには砂地ができ上がる。

⑤ その結果、フェアリーサークルが完成する。本来乾いた土地では植物によって水分が吸い上げられるが、サークル内では砂の中に水分が保たれるという。そのため、サークルの縁の植物は大きく育つ。

⑥ 乾燥に弱いスナシロアリは湿った土の中に生息する。彼らは、サークルの縁の植物には手をつけない。乾燥が厳しくなったときのために残していると考えられる。

サークルから生まれる多様性

サークルの縁では、植物が大きく成長し、生きものたちの新たなよりどころとなった。植物を目当てに、草食動物や昆虫がやってくる。さらに、虫を食べるさまざまな動物たちも集まってくる。フェアリーサークルは、乾燥の大地で生きものたちのオアシスとなっているといえるだろう。

① 砂で保たれる水分によってサークルの縁の植物が大きく成長する。

② 大きくなった植物を目当てに草食動物や昆虫たちが集まってくる。

③ 虫を食べるさまざまな生きものたちも集まってくる。まさにサークルをめぐる命の連鎖だ。

ミナミアフリカオットセイの世界最大の繁殖地での闘い
ナミブ砂漠の海岸でくり広げられる生存競争

ベンゲラ海流は、たくさんの魚や海の生きものを育んでいる。
その恵みは、ミナミアフリカオットセイの大群を引き寄せる。
なかでもナミブ砂漠沿岸は、世界最大のミナミアフリカオットセイの繁殖地。
オットセイの出産に合わせ、やって来るものたちがいる。

12月には100万頭のオットセイで埋め尽くされる

アフリカ南西部の海岸には、100万頭を超えるオットセイが生息している。なかでもナミブ砂漠沿岸は、ミナミアフリカオットセイの世界最大の繁殖地だ。繁殖期の12月になると、海岸はオットセイで埋め尽くされる。母親は脂肪分の濃いミルクを与えて子どもを育てる。

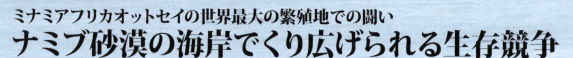

我が子を守るために戦うミナミアフリカオットセイ

ジャッカルの群れがオットセイの周りを徘徊すると、オットセイの子どもは警戒し大人に寄り添う。子どもを奪われないように、オットセイの母親たちは鳴き声をあげたり、大きな体で立ちふさがったりして激しく抵抗する。セグロジャッカルに赤ん坊を奪われると勇敢に立ち向かい、奪い返すこともある。我が子を守るために母親たちも必死だ。

数匹がかりで子を襲う セグロジャッカル

ジャッカルの狙いは、オットセイの赤ん坊。オットセイの出産シーズンに合わせて子育てをし、砂漠で命を繋いでいる。しかし、オットセイの母親が立ちふさがるため簡単に近づけない。ジャッカルも、自分の子どもを養うための食料が必要。数匹がかりで、一匹のオットセイの子どもに襲いかかる。

7匹もの子どもを砂漠で育てるジャッカル。食べ物を求めて、親はナミブ砂漠の海岸へ狩りに向かう。

オットセイの天敵はほかにも ブラウンハイエナ

ブラウンハイエナの成獣も、オットセイのいっせい出産に合わせてやって来る。やはりオットセイの子どもを捕まえにくるのだ。

灼熱の大地で独自の進化を遂げてきた植物

動物たちは水を得るため、わずかなチャンスを驚くべき方法でものにしていた。
植物も例外ではない。乾燥の大地で独自の進化を遂げてきた不思議な植物たちが存在している。

世界中の多肉植物の3分の1がこの砂漠に集中

ナミブ砂漠の周辺には変わった植物が生えている。葉や茎などの中にある柔組織とよばれる部分に水を溜められるように進化した多肉植物だ。なんと世界中の多肉植物のおよそ3分の1がこの砂漠周辺に分布しているという。これほど多くの多肉植物が生息している理由は、過酷な環境によって寿命が短くなったためだと考えられている。短い時間に多くの世代を重ねることで、適応や新種の進化が速いスピードで起きたためと考えられている。

丸みをおびた葉の中に水分を溜め込んでいる。外側の薄い層には葉緑素があり、ここで光合成が行われる。

地中に埋まって成長することで、水分の蒸散を防いでいる。また、草食動物から身を守ることもできる。

ぼってりした葉が特徴
フィンガープラント

フィンガープラントの葉の厚みは、親指ほどもある。中には大量の水分が含まれているので、葉の断面はとてもみずみずしい。こうした多肉植物は、霧などのわずかな水分を葉や茎などに溜め込んでいる。

地中にいながら光合成する
コノフィツムの仲間

ふつう光が届かない地中では光合成ができないが、地上に出ているスリガラスのような半透明の部分が窓のように光を通して、中の葉緑体に届き、光合成をする。

水の恵みに活気づく動植物たち

HOT TIME

ナミブ砂漠には、多様な生息環境がある。そのどれもが生きるには厳しい乾いた土地だ。
海沿いのすっかり乾いた砂漠、内陸には岩山の砂漠、その周りに広がる草原地帯……。
タフで、独創的でなければ、ここで生きていくことはできない。
およそ1週間に1度、明け方に冷たい海で生まれた霧が砂漠に流れ込む。
そのわずかな水分を生きものたちは特殊な方法で手に入れていた。

①顔にあたった霧の水分をなめるミズカキヤモリ

暑い日中は砂の中に隠れていて、霧が出ると地上に出てくる。霧が顔にあたり、大きな水滴となる。その貴重な水分を長い舌でなめ取る。ヤモリはこうして水分を得ている。

ごくわずかな雨の恵み

ナミブ砂漠には、1年に数週間だけ雨が降る。すると地面の下で乾燥に耐えていた種が芽吹き、一面に花を咲かせる。わずか2週間だけ、砂漠は色とりどりの花が咲き乱れる別天地となる。

②逆立ちして水を集めるゴミムシダマシ

ゴミムシダマシが逆立ちのような姿勢をとると、小さな水滴は大きな粒にまとまる。そして重くなると、水滴は体の表面から口へと流れるのだ。この方法で体重の12%の水分を得ている。

たくさんの生きものたちが生息しているナミブ砂漠

ナミブ乾燥地帯は、寒流によって誕生し、支えられてきた世界最古の砂漠。世界で最も乾燥した場所の1つであるにもかかわらず、ここに生きる素晴らしい植物や動物たちは見事な進化を遂げてきた。

ナミブ砂漠に行くには、まずは東京から香港やドバイで乗り継ぎヨハネスブルクへ。さらに空路でナミビアの首都ウィントフックまで行き、車で向かう。

4 オーストラリア

不毛の大地で
究極の進化を遂げた生きものたち

太陽が大地をジワジワと焦がす赤い大陸……。
太古の昔に生まれ、地球規模の大変動をくぐり抜けてきたオーストラリア。
激変する大地で有袋類たちは、どのようにして彼らの王国を築き上げたのだろうか?

日本から約7600km。オーストラリアの東海岸、クイーンズランド州には太古の時代を思わせる熱帯の森が、そして南西部には砂の大地が広がっている。面積の4分の3は乾燥地帯で、カンガルーを始めとする多様な有袋類が暮らしている。

乾燥と暑さを乗り切るために
進化を遂げた有袋類の王国

オーストラリア大陸の面積の4分の3は乾燥地帯。地球上で最も暑い場所の1つだ。
この地では、袋の中で子育てをする有袋類が大繁栄した。
おなじみのコアラやカンガルーだけではない。その種類はなんと150種以上にもなる。

オーストラリアの自然を特徴づける
代表的な生きものたち

タスマニアデビル

シマオイワワラビー

ヒクイドリ

モロクトカゲ（トゲトカゲ）

ディンゴ

エミュー

イリエワニ

コアラ

ニオイネズミカンガルー

キノボリカンガルー

ヒメウォンバット

フクロモモンガ

フクロミツスイ

ペレンティーオオトカゲ

アカカンガルー

有袋類の王国はなぜ誕生したのか？

かつて世界中に分布していた有袋類。
なぜオーストラリアという大陸で大繁栄したのだろうか。

世界中に生息していた有袋類の絶滅

ほ乳類には、人間のように胎盤で赤ちゃんを育てる有胎盤類と、お腹にある袋で育てる有袋類がいる。現在世界中に広く分布しているのは有胎盤類だが、有袋類の化石が中国やドイツで発見されたことから、かつて有袋類は世界中に分布していたことがわかった。その後、有胎盤類との競争に敗れ、各地で絶滅していったと考えられている有袋類が、現在でもオーストラリアに生息している。乾燥が厳しいオーストラリアにおいて、小さいうちに出産して袋の中で育てるという有袋類特有の繁殖方法が有利に働いたことがわかった（P.69参照）。

シノデルフィスの化石。

有袋類最古の化石は中国にあった

世界最古の有袋類の化石「シノデルフィス」はおよそ1億2500万年前のもの。オーストラリアから遠く離れた、現在の中国で発見された。体長は15cmほど。低い木の上で暮らし、昆虫などを食べていたと考えられている。

ドイツの採掘場と有袋類の化石の発見

ドイツの世界遺産メッセル・ピットの発掘現場では、4700万年前の地層から有袋類「ペラデクテス」の化石が見つかっている。大きさは約10cmで、その姿は中国で見つかった化石とよく似ている。この地域で有袋類が生息していたという重要な証拠だ。

ペラデクテスの化石。

オーストラリア砂漠化の歴史

巨大な大陸の一部だったオーストラリアは、分裂によって大きく変動した。湿潤な森に覆われていた大地が、乾燥地帯へと激変したのだ。大きな環境の変化に、有胎盤類や有袋類はそれぞれ別の適応をし、そして「絶滅」と「繁栄」という異なる道を歩むことになった。

3500 万年前

南極の周りに生まれた海流が遮る暖かな水

3500万年前に生まれた海流が赤道から流れる暖かい水を遮り、南極は冷え始め、氷に覆われた。

大気中の水分が氷となったため、大気が乾燥し、同時にオーストラリアの乾燥も始まった。この劇的な変化が新たな有袋類誕生のきっかけとなった。

7000 万年前

7000万年前、有袋類の祖先を乗せた大地は大陸から分裂し、移動を始めた。湿潤な森で覆われていた大陸で、有袋類たちは多様な変化を遂げていった。

1 億 5000 万年前

1億5000万年前、オーストラリアはアフリカ大陸、南アメリカ大陸、南極大陸などとともに、「ゴンドワナ」とよばれる巨大な大陸の一部だった。

不毛の大地
砂漠を生き抜くための特別な進化

どこまでも続く砂の大地。気温は50℃近く、うだるような暑さ。
この不毛な大地を生き抜くために、生きものたちは特別な進化を遂げた。

足が水に触れただけで水が体にいきわたる
モロクトカゲ

鋭いトゲを体全体にまとったモロクトカゲには、驚くべき能力がある。わずかな水に触れただけで、体に水が満ちていくのだ！ ザラザラの皮膚の溝をつたい、水が口まで吸い上がってくる。

わずかな水に触れただけで変化！

水を吸い上げると、みるみる体の色が変化する。

モロクトカゲを横から見たところ。右側中央あたりが口だ。

有毒な成分を解毒
コアラ

人気者のコアラは有袋類。主食は、有毒な成分が含まれているユーカリの葉だ。コアラは、その毒を解毒できるように進化した。ほかに競争相手がいないため、葉を独占できる。

花粉の運び屋 & ユニークな繁殖方法
フクロミツスイ

この不毛の地でフクロミツスイが選んだ食べ物、それは花の蜜や花粉だ。彼らは、コウモリ以外では、花の蜜と花粉だけを食べて生きている唯一のほ乳類。虫を食べないため、歯は退化した。また、フクロミツスイは、口先についたバンクシアという花の花粉をほかの花へと運び、バンクシアの受粉を助けている。お互いにかけがえのないパートナーとなって、厳しい環境を生き延びてきた。

ブラシのような舌

歯がいらなくなった代わりに、花粉を集めやすくするために、舌の表面がブラシのように変化した。限られた資源を極限まで利用しようとしたのだ。

ほ乳類で最も大きい精子をつくり出す睾丸

フクロミツスイは繁殖方法もユニーク。世界中のあらゆるオスのなかで、体の大きさに比べて、最も大きな生殖器をもつ。大きな睾丸で、ほ乳類のなかで最も大きな精子をつくっているのだ。人間であれば、大きなスイカを2個抱えて歩いているようなもの。もちろん精子が大きいのにはわけがある。繁殖期、メスは集まってきたすべてのオスと交尾をする。するとメスの体では、異なるオスの精子が競い合うことになる。このとき、大きくて強い精子の方が最初に卵にたどりつける。力で争うのではなく、精子を競い合わせてより強い子孫を残す。これが、不毛の大地で不毛な争いをせずに生き抜く戦略と考えられている。

命がけの仕事で、生まれてくる子どもに未来を託す
アンテキヌス

肉食の有袋類アンテキヌスは、並外れたライフサイクルのお陰で、オーストラリアの林に生息している。オスは、11ヶ月の生涯のうち、最初の10ヶ月をひたすら食べて成長する時間に費やす。そして得たエネルギーをすべて蓄える。最終月には、命がけの仕事が待っているからだ。

毎春、アンテキヌスのオスはとり憑かれたように交尾をする。食料も睡眠もとらず、ただひたすらメスを追い求める。その後、オスは皆息絶えてしまう。アンテキヌスのオスは、自分の命と引きかえに子孫を残していく。これはオスが、生まれてくる子どもたちと食料をめぐる争いを避けるためと考えられている。

オーストラリアの林に生息するアンテキヌス。

姿も暮らしぶりもさまざま
150種以上の有袋類

オーストラリアでは、生息するほ乳類のほとんどが有袋類だ。
姿も暮らしぶりもさまざまな、ユニークな生きものたちを紹介する。

**木の上で生活する
キノボリカンガルー**

北部の森林地帯を住みかにしているのがキノボリカンガルー。木の上で生活しており、主食は木の葉。足には砂漠のカンガルーにはない長い爪がある。

鋭く長い爪で木をつかみ、木を登る。

**空を飛ぶ
フクロモモンガ**

空を飛ぶ有袋類がフクロモモンガだ。手足の間の膜を広げて滑空し、木と木の間を移動する。

**乾燥した森で暮らす
コアラ**

乾燥したユーカリの森に棲んでいるコアラ。1日中、木の上で生活している。

カンガルーと違って袋の入り口が後ろ向きについている。母親は4ヶ月間、袋の中で子どもを育てる。

見かけによらずどう猛!
タスマニアデビル

タスマニアデビルは肉食の有袋類。死んだ小型のカンガルーなどを鋭い嗅覚で探して食べる。また、鋭い歯を使って、肉を引き裂く。うなり声をあげるなど、見かけによらずどう猛だ。

なぜ有袋類ばかりなの?

ほ乳類は、有胎盤類と有袋類の大きく2つのグループに分かれる。その最大の違いは、子育ての方法だ。有胎盤類は親と似た姿になるまで胎盤で育ててから出産するが、有袋類は早い段階で出産して、袋の中で育てる。予測不能で変化の激しい過酷なオーストラリア内陸の環境では、子どもを袋の中で育てる方法が有利に働いた可能性が指摘されている。

ギリギリまで胎盤で育てる有胎盤類

有利! **袋の中で大きくなるまで育てる有袋類**

出産まで時間がかかる

早く産んで袋で育てる

人間を含む「有胎盤類」の場合、母親は胎盤からへその緒を通じて赤ちゃんに栄養を送る。そして親と似た姿になるまで大きく育ててから出産する。

「有袋類」は、早い段階で子どもを産み、袋の中で育てる。だからこそ、環境が悪くなっても母体への影響を最小限にとどめることができる。

3つの命を同時に育む
アカカンガルー独特の構造

カンガルーは袋の中と外で、同時に2匹の子どもを育てるのが普通だという。
母親は産まれた時期の違う子どもを同時に育てるために「特別な仕組み」をもっている。

アカカンガルーの母親は子煩悩

オーストラリアに棲むアカカンガルーの子どもの半数は大人になる前に死んでしまうという。できるだけ多くの子孫を残すために、アカカンガルーはお腹の袋の中と外、そして受精卵をコントロールするという、驚くべき体の仕組みをもっている。

袋の中の赤ちゃん
10ヶ月前後まで袋の中で育つ。

4つの乳首を使い分ける

袋の中には乳首が4つある。長い2つが、今使っているもの。短い方は予備。なんと子どもの成長に合わせて、違った成分のミルクが出るという。

袋から出た小さな子ども

子どもは成長すると、親の袋の中にはおさまらなくなる。

短い乳首は予備

子どもの成長によって異なる成分のミルクが出る2つの乳首

片方の乳首は、袋の中の小さな子どもが吸うためのもの。成長に欠かせないタンパク質や脂肪、炭水化物などの栄養豊富なミルクが出る。もう片方の乳首は、草を食べ始めた年上の子どもが吸う。草からは得ることができない脂肪がたっぷりと含まれたミルクが出る。成長段階の違う子どもを同時に育てるための驚くべき仕組みだ。

栄養が足りないときは休眠させて着床をコントロール

環境が悪化し、栄養が足りなくなると受精卵は成長を止め、「休眠状態」になるという。そして環境が回復し、袋の中の子どもが外に出ると、受精卵は再び成長を始める。3つの命を同時に育むこの独特の能力に、有袋類が繁栄した秘密があると考えられる。

袋の中にはおさまらなくなった子ども

袋の中の赤ちゃん

体内の受精卵
母親の袋の外と中にいる2匹の子どものほかに、母親の体の中にはもう1つの命、受精卵がある。

水場を求めて 200km
アカンガルーの過酷な旅

見渡す限りの乾燥地帯。水場は、アカンガルーが生き抜くために必要不可欠な場所だ。
水場が干上がると、別の水場を求めて旅へ……。その距離は、ときに 200km にも及ぶという。

前足をなめて体を冷やす
前足の内側には何十本もの血管が集まっているため、唾液が蒸発するとき、水分と一緒に熱が奪われる。すると血液が冷やされ、体も冷えるという。

地面に穴を掘って暑さをしのぐ
休憩するとき、しばしば地面を掘る。10cm 掘るだけで、表面より 20℃も温度が低くなるという。

過酷な旅を乗り越えるアカカンガルーの進化

オーストラリアの乾燥地帯に生息するアカンガルーにとって、水場は重要なスポット。最低でも10日に一度は水を飲まなければ生きていけないため、水場が干上がると別の水場を求めて旅に出る。どこで雨が降り、水場ができるのかは予測がつかない。匂いをたよりに、ときに200kmの距離を移動する。オーストラリアの内陸部では、時折激しい雨が降り、一時的な水場ができる。その水場を探して移動しながら暮らしている。その間、水を一口も飲めないアカカンガルーたちは、驚くべき能力でその過酷な旅を乗り越えるよう進化した。

尿の量をコントロールして腎臓でリサイクル

乾燥地域では、水場がなかなか見つからない。水を求めて旅するなか、1週間以上水分が得られないと、出す尿の量をコントロールし、腎臓でリサイクルする。そして、体内の水分を補う。この能力のおかげで、水分不足でも子どもにミルクを与えられる。

長旅を可能にした
アカカンガルーのジャンプの秘密

先の見通しが立たない過酷な旅。長距離を旅するのには欠かせない2本足でのジャンプは、4本足での移動に比べエネルギー効率がよいため、長い距離の高速移動に適している。

より速く、より楽に

長距離移動を可能にするアカカンガルーのジャンプの秘密は、しっぽの動かし方とアキレス腱にある。より速く、より楽に移動するための独特なジャンプだ。

秘密 1. しっぽの反動

ジャンプの間、上がっているしっぽを、着地の瞬間に振り下ろす。その反動を利用すると、より加速できる。

アキレス腱

秘密 2. バネのようなアキレス腱

カンガルーはほかの動物に比べ、長いアキレス腱をもっている。着地をするとき、アキレス腱はかかとに引っ張られてバネのように伸びる。伸びたアキレス腱が縮もうとする力を利用して、つま先で地面を蹴る。足を2本そろえると、ふくらはぎの筋肉をあまり使わなくても、連続して跳び続けられる。

ジャンプの起源

4500万年前　→　**700万年前**

ニオイネズミカンガルー

ひときわ大きな後ろ足をもつニオイネズミカンガルーは、大きな後ろ足で地面を蹴ってジャンプする。ジャンプは瞬時に外敵などから逃れるのに優れた方法だ。

進む乾燥化

乾燥化が進むと草木が少なくなり、見通しがよい大地が広がった。

ワラビーの祖先誕生

見通しの利く開けた大地では、立ち上がった方が外敵をいち早く見つけられる。その結果、立ち上がった姿勢のままジャンプするワラビーの祖先が誕生した。

現存するワラビーの仲間。

平均気温の上昇・干ばつの長期化・森林火災…
変わり始めた大地

かつて湿潤な森で覆われていたオーストラリア大陸。ところが、気候の変動で乾燥化が進んでいった。さらに現代では乾燥だけでなく、気温も上がってきている。有袋類はますます生きづらくなっていく。

干ばつにともない発生する森林火災。

平均気温1℃上昇

乾燥化によって大陸の大部分が砂漠地帯へと変化したオーストラリアで、その大激変をものともせずに乗り越えてきたカンガルーなどの有袋類。しかし、彼らが暮らす大地は今、かつてないほどの速さでさらなる変化が起き始めている。最新の報告ではここ50年で平均気温が1℃近く上がったという。このまま上昇が続くと、干ばつの時期が今より2ヶ月も延びると考えられている。しかも干ばつにともなって発生する森林火災の発生率は2割以上も増すという。こうした変化の背景には人間がもたらした地球温暖化が大きく影響しているといわれている。生息場所が脅かされている有袋類たちはこれまでのように急激な環境の変化を乗り越えることができるだろうか。

大地は乾燥化が進む。

5 ニュージーランド
世にも不思議な鳥たちの王国

高さ15mにもなる巨大シダやコケで覆われた木々。
まるで太古の時代にタイムスリップしたかのような森が残るニュージーランド。
そこには、嗅覚が発達した鳥、森を行進する鳥、
そして飛ぶことをやめ、暗闇に生きる鳥たちが暮らしている。
ここは独特の進化を遂げた鳥たちの王国だ。

日本から約9000kmほどの距離にあり、南太平洋に浮かぶ島国ニュージーランドは、南北の2つの大きな島と周辺の島々から成り立つ。一番近いオーストラリア大陸でさえ1500kmも離れている、海に囲まれた絶海の孤島だ。

隔絶した環境のなかで奇妙な進化を遂げた生きものたち

低く響き渡るカエルのような声をもつ鳥、
森の中を行進するペンギン、
2億年前から姿を変えずに生きているは虫類。
ニュージーランドにはコウモリ以外の在来の
ほ乳類がいた形跡は見つかっていない。
天敵となるほ乳類がいない楽園で、
生きものたちは思いもよらない、
独自の進化を遂げてきた。

ニュージーランドの自然を特徴づける代表的な生きもの

キタタテジマキーウィ

ハイイロミズナギドリ

ケア（ミヤマオウム）

ツギホコウモリ

エリマキミツスイ

スネアーズペンギン

ウェタ

カカポ（フクロウオウム）

タカヘ

キガシラペンギン

ムカシトカゲ

絶海の孤島誕生の秘密
ほ乳類のいない世界へ

日本と同じく四方を海に囲まれた島国ニュージーランド。
ここにはなぜ、コウモリ以外の在来のほ乳類がいないのだろうか？
その謎の答えは、島の誕生の歴史にある。

再び地殻変動
プレートが衝突し、激しい地殻変動が始まった。

 2400万年前

ジーランディア・オーストラリア誕生
ゴンドワナ大陸からインドほどの大きさの陸地「ジーランディア」が分かれ、移動を始める。その頃オーストラリア大陸もゴンドワナ大陸から分裂したと考えられる。ニュージーランドは、もともと、このジーランディアの一部だった。大陸は原始的な生きものを乗せたまま移動を続け、最終的に現在のニュージーランドになったと考えられている。ジーランディアが分裂を始めたころ、地球にはすでにほ乳類が誕生していた。

8300万年前

ジーランディア
かつては原始的な生きものが暮らしていたと考えられるジーランディア。
（イメージ写真）

オーストラリア大陸
ゴンドワナ大陸から分裂して生まれた大陸の1つ。カンガルーを始め、原始的な特徴が残っているほ乳類が生息している。

ゴンドワナ大陸
地球には、ゴンドワナとよばれる巨大な大陸が存在していた。やがてゴンドワナ大陸はいくつかの陸地に分裂していく。

1億5000万年前

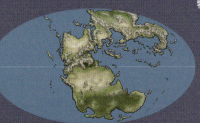

800万年前

高山地帯の出現
再び、プレートの活動が活発化して、島は激しく隆起を始める。その結果、ニュージーランドに標高3,000mを超える高山地帯が生まれた。生きものが暮らすには厳しい過酷な環境が広がっていった。

250万年前

氷河期の到来
地球に氷河期が訪れ、南極に近いニュージーランドの高山地帯は極寒の世界になっていった。

オーストラリアにいたほ乳類はなぜニュージーランドにはいない？

水没後に一部が押し上げられてニュージーランド誕生

この地殻変動の結果、海に沈んでいたジーランディアの一部が押し上げられ、姿を現した。衛星による海底地形の解析から、太古のジーランディアの姿を見ると、地上に現れたジーランディアの7％ほどの部分が現在のニュージーランドだという。陸地が沈んだとすれば、同じ頃に分かれたオーストラリアにいるほ乳類が、ニュージーランドにはいないことの説明がつく。海に沈んだときに、陸生の生きものは全滅したのだろう。今いる生きものたちのすべてが陸地になったあとに島にやってきたと考えられる（ニュージーランド 地質・核科学研究所　ハーミッシュ・キャンベル博士）。

数百年間、海面下に沈んでいた可能性

全域に広がる大量の石灰岩

かつてニュージーランドは、海中に沈んでいた時代があったという。近年、ニュージーランド全域に、大量の石灰岩が分布していることがわかった。調査の結果、ニュージーランドの基盤となったジーランディアが地殻変動によって、数百年もの間、海面下に沈んでいた時代があった可能性が浮上した（ニュージーランド 地質・核科学研究所　ハーミッシュ・キャンベル博士）。

（CGによるイメージ再現）

どうやって生命が到着した？　3つの可能性

キャンベル博士の仮説通りジーランディアが沈んだとすると、その地にいた陸生の生きものたちは絶滅したと考えられる。しかしながら、現在のニュージーランドには多様な生きものたちが生息している。彼らはどのようにして島にやってきたのだろうか。

①風に飛ばされる
植物の種が、風に乗って運ばれてきた可能性がある。種は、島の大地に根ざし、やがて森をつくっていく。

②漂流
ムカシトカゲや小さな生きものが流木などに乗って島にたどり着いた可能性がある。

③空を飛んでくる
自らの意志で島に飛んでくるという可能性。これも、空を飛べる鳥ならできる。

キャンベル博士は以上の3つの可能性によって、生きものたちがニュージーランドにたどり着いたと考えている。しかし、飛べないキーウィやモアはどうやって水没という大事件を生き延びたのだろうか。DNAを解析し、飛べない鳥のルーツの研究が進んでいる（P.85参照）。

天敵のいない島で
独特な進化を遂げた生きものたち

ニュージーランドは一度海に沈み、再び浮上したという説。現時点では完全に証明されたわけではないが、キーウィやカカポは天敵となるほ乳類がいない島で独特の進化を遂げてきた。

歩く！ツギホコウモリ
地面をはい回り、花の蜜を吸うツギホコウモリ。世界でも珍しい歩くコウモリだ。生活の大半を地上で過ごすという。ニュージーランドにはコウモリ以外、ほ乳類がいた形跡は見つかっていない。

優れた嗅覚が発達
鳥には珍しく嗅覚が発達している。鼻の穴はクチバシの先端にあり、土の中を探るのに都合がいい。

敏感なクチバシ
クチバシには、動きを感じ取る敏感なセンサーがあるという。地面をつつきながら、土の中のかすかな振動を感じ取り、獲物の動きを探り当てる。

優れた嗅覚をもつ
キタタテジマキーウィ

暗闇の中で、地面の匂いをかぎ回るキーウィ。大きさはニワトリほどで、ダチョウなどと同じ走鳥類とよばれる「飛べない鳥」の仲間だ。その起源は6000万年前に遡るとされ、太古の時代からの生き残りだ。日中は森の巣穴に潜み、日が暮れると獲物を探し回る。好物は、ミミズや虫など。地面や落ち葉の下に潜む小さな生きものたちを好む。

第3の目をもつムカシトカゲ

2億2000万年前からほとんど姿を変えていない、は虫類。ニュージーランドだけに生息する生きた化石だ。ムカシトカゲの仲間はかつてヨーロッパやアジア、南米・北米、南アフリカ・東アフリカにいたが、ムカシトカゲを除いて6500万年前に絶滅したという。頭に「第3の目」とよばれる器官をもつ。まるで本物の目のように、網膜やレンズに似た構造をもち、光を感知することができるといわれる。しかし、その詳しい役割はわかっていない。成長すると50cmを超え、120年以上生きるという。

ほ乳類のような姿
普段はつがいで縄張りを守って暮らしている。

飛べないオウム カカポ

世界に300種以上いるオウムのなかで、唯一の飛べないオウム。キーウィと同じく夜行性で日中は森の中に潜んでおり、のんびりとした性格だ。翼は小さく、体には脂肪をたっぷりと蓄えている。

食べ物を求めて海を目指せ
森を歩く鳥たち

鳥たちが島にやってきて、やがて飛ぶ能力を失っていく。
そんな進化の様子をうかがい知ることができるのがスネアーズ諸島。
本島の南に浮かぶ、手つかずの自然が残された小さな島々だ。

断崖絶壁を目指して森を歩く

ハイイロミズナギドリ
普段は大海原で暮らしているが、繁殖期になると島にやって来て、子育てをする。夜明け前の薄暗いなか、隊列を組んで、いっせいに歩き出す。森を歩いてたどり着いたのは、断崖絶壁。細長い翼は滑空に適しているが飛び立つには平らで長い助走距離が必要だ。島の中にはそうした場所がないため、わざわざ歩いて崖の縁までいくのだ。鳥たちの目当ては魚やオキアミなど、豊富な海の幸。

水の抵抗が少ない細い翼
海の中に入って折りたたむと、水の抵抗が少なく、海にもぐって獲物を捕らえるのに適している。

海の幸を求めて進化した姿

ヒナのいる場所から食べ物のある海に向かって、森や急斜面をひたすら歩き続ける

スネアーズペンギン

海の豊かな恵みを得るため究極の進化を遂げたのがペンギン。ペンギンといえば氷の上の生きものというイメージだが、スネアーズペンギンが歩いているのは森の中。実はペンギンの祖先は森で暮らしていたという。森はヒナを育てるには安全で格好の場所だ。そのヒナのために親は毎日、海へ片道4時間かけて食べ物を捕りに行く。海の中では、陸上とは見違えるような俊敏な動きを見せる。翼は、ヒレのような形に変化し、強力な推進力を生み出す。海の中は魚やイカなど、陸では得られない豊富な食べ物で溢れている。ペンギンは、水中の獲物を捕らえるために、飛ぶことをやめて泳ぐように進化したのだ。

親が捕ってきてくれる食べ物を待つヒナ。

最新DNAで判明! 飛べない鳥の意外なルーツ

祖先はマダガスカルにいた?

これまでキーウィはオーストラリアに生息するエミューやヒクイドリに最も近い仲間であると考えられていた。しかし、2014年5月、オーストラリア・アデレード大学古代DNAセンターチームの研究によって、キーウィの祖先はエミューよりもエピオルニス(別名エレファントバード。かつてマダガスカルに生息していた)に近い、という新たな説が発表された。絶滅種エピオルニスは体の高さ2〜3mにもなる草食性の巨鳥。一方、キーウィは雑食性で夜行性、ニワトリほどの大きさだ。外見も生態も全く異なるこの2種が新たなDNA解析により遺伝的に最も近いことが判明したのだ。ニュージーランドとマダガスカルはかなり離れていて陸も直接繋がったことがないことから、キーウィの祖先はかつて飛ぶことができ、長距離を飛んで島にやってきたと推測される。

2000万年の間に飛ぶ能力はなくなるのか?

ニュージーランドが再び島になったとされる2000万年ほどの間に、鳥たちは飛ぶ能力を失い、今のような姿に進化することができたのだろうか。100万年から500万年ぐらい前にできたといわれているハワイ諸島の主要な島々では、クイナやカモの仲間など、多くの飛べない鳥が生息していた。このことから、数百万年ほどで飛べない鳥へと進化できることがわかる。2000万年というのは、飛べない鳥が進化するのに十分な時間だと考えられる。　　(森林総合研究所主任研究員　川上和人)

現存するキーウィ。祖先はかつて飛ぶことができたという。

(CGによるイメージ再現)

絶滅した巨鳥モアは、飛べない鳥へと進化したと考えられている。

寒さに適応するために進化した
ユニークな鳥たち

およそ800万年前に標高3000mを超える高山地帯が出現。そこは生きものが暮らすには厳しい環境だ。
さらに250万年前、地球に氷河期が訪れた。
そのなかで寒さに適応するために、驚くべき方法で進化を遂げた鳥たちがいる。

厳しい寒さを乗り切るために
知恵を働かせて何でも食べるオウム

ケア（ミヤマオウム）
カカポと同じオウムの仲間で、飛ぶ能力を残したまま進化した。気温が低く、食べ物の少ない環境を生き抜くため、彼らは「知恵」を身に付けた。

何でも食べる

ゴミ箱のフタの開け方までわかる

山にある宿泊施設に躊躇なく入っていくケア。登山者の靴をつつき、食べられるものは徹底的に探し出す。

食べ物を見つけるため、ゴミ箱のフタの上の石を、落としてどかそうとする。どうすればフタが開くか、知っているのだ。

寒さから身を守るために脂肪を蓄えたオウム

カカポ（フクロウオウム）

フクロウのような顔をしたカカポ。丸々と太った体つきは、厚い脂肪のため。厳しい寒さや食べ物の不足から身を守る有効な手段だ。彼らは食べ物があり、陸上の天敵がいなかったため、飛ぶ必要がなくなり、翼が小さくなった。カカポは飛ばない分エネルギーの消費をおさえ、寒さから身を守るための脂肪にまわすことができる。天敵となるほ乳類がいない島で寒さに適応するために独自の進化を遂げたのだろう。

寒さに負けない厚い脂肪、栄養を溜め込む

ずんぐりした体型は、ただ太っているわけではない。体には、エネルギーとなる脂肪がたっぷり蓄えられている。

遠くまで響き渡る声

カカポのオスは繁殖期になると低い声でメスにラブコールを送る。それはまるでカエルのような野太い声だ（P.88参照）。低く響き渡るこの声は1km以上先まで届き、遠くのメスにもアピールすることができる。

頑丈な足

飛ばない代わりに強力な足で重い体を支え、高い木に登り、好物の木の実や葉を食べて、体に栄養を溜め込む。

巨大な敵から逃れるために夜行性となった飛べない鳥

天敵であるほ乳類がいなかったにもかかわらず、カカポやキーウィはなぜ夜行性になったのか。
まるでなにかから隠れるかのように。
夜に行われる独特の繁殖行動にも注目しながら、夜行性になった理由を追う。

独特な繁殖をする鳥たち

数年に一度の繁殖「カカポ」
繁殖に必要なタンパク質を得るには時間がかかるため、食料である木の実が豊作になる数年に一度しか繁殖しない。茂みのそばに座り込み、大きく空気を吸い込んで体をふくらませ、鳥とは思えない奇妙な音を発する。メスへのラブコール、ブーミングとよばれる行動だ。

自分の体重の4分の1の卵?「キーウィ」
キーウィの卵は、驚くほど大きくて重い。その重さはメスの体重の4分の1で体に対する卵の大きさは、鳥のなかでは最大。産卵で体力を使い果たしたメスの代わりに、産み落とされた卵をふ化までの80日間抱くのはオスの役目。しかしオスは1日1回、食べ物を捕りに行かなければならない。オスがいない間に卵は冷えてしまうが、冷え始めると卵のなかでは代謝が落ち、成長がゆるやかになるという。ときには20時間、親がいなくても平気なこともある。

(体内はCGによるイメージ)

天敵のほ乳類がいないのに なぜ、夜行性？

カカポやキーウィなど、飛べない鳥たちが夜行性となった背景には、昼間活動する巨大なワシ「ハーストイーグル」の存在があったと考えられる。ハーストイーグルは、翼を広げると3mにもなる史上最大のワシ。島に棲む生きものたちにとっては大きな脅威であった。ハーストイーグルから逃れるため、飛べない鳥たちは暗闇に身を隠すようになったのだろう。そしてその習性は、今なお残っている。

ハーストイーグル （CGによるイメージ再現）

ニュージーランドに存在していた 史上最大の鳥の1つ「モア」×巨大ワシ「ハーストイーグル」

南島の洞窟で見つかったのは、数百年前までニュージーランドに生きていた巨鳥「モア」の骨。そのモアの骨と絡み合うように、巨大ワシ「ハーストイーグル」の骨も見つかった。モアの骨盤には、ハーストイーグルの大きなカギ爪でえぐられた跡があった。ハーストイーグルがこのときに襲ったモアがあまりに大きくてもち上げられず、一緒に洞窟に落ちてしまったのではないかと考えられている。ハーストイーグルは、巨大なモアさえも獲物としていたことがうかがえる。こうして洞窟に残された骨から、天敵となるほ乳類のいないニュージーランドに、かつて最強の猛禽類がいたことがわかった。

（CGによるイメージ再現）

巨大なワシのハーストイーグルは巨大なモアさえ捕食対象としていたと考えられる。

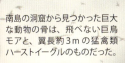

南島の洞窟から見つかった巨大な動物の骨は、飛べない巨鳥モアと、翼長約3mの猛禽類ハーストイーグルのものだった。

飛べない鳥たちにせまる
外来ほ乳類の脅威

鳥たちにとって天敵となるほ乳類のいないニュージーランドは、楽園ともいえる土地であった。
ところが、数百年前に人間などの外来ほ乳類がやってきたことで鳥たちの楽園に変化が起こり始める。
飛べない鳥たちは外来ほ乳類に次々と襲われたのだ。
新たな侵入者に対抗する術のない彼らには、ただ絶滅という道しか残されていなかった。

人間の登場による巨鳥モアの絶滅

今から700年ほど前、鳥たちの王国に人間がやってきた。鳥たちにとって人間は外来ほ乳類。飛べない鳥モアは人間によって狩り尽くされ、そして絶滅したと考えられている。さらに、モアを食料としていたハーストイーグルもまた、食料を失い、同じ頃に姿を消したとされている。

巨大な鳥モアは人間によって狩り尽くされて絶滅したと考えられている。（CGによるイメージ再現）

人間によってもち込まれた
外来ほ乳類の登場

ニュージーランドに人間がやってきてから、50種を超える鳥が絶滅したという。鳥の卵を食べるネズミなど、もともとニュージーランドにいなかった動物たちが人間の船に紛れ込んでやってきて、島中へと広がっていった。さらに、ネコやオコジョなど、肉食のほ乳類が人間によって次々ともち込まれ、鳥たちを襲い始めた。これまで天敵のほ乳類がいない世界で暮らしていた鳥たちにとって、新たな侵入者に対抗する術はなかった。

天敵のハーストイーグルが絶滅しても、キーウィやカカポは身を潜め夜に行動する習性が残った。だが、その習性は、外来ほ乳類から身を守る手段にはならなかった。

鳥の巣に残されていた卵を外来種のネズミが食べている。

ネコやイタチの仲間など肉食のほ乳類が鳥たちを襲い始めた。

HOT TIME

天敵となるほ乳類のいない楽園で進化した鳥たち
新たな侵入者によって50種が絶滅

かつてほ乳類のいない楽園に暮らしていた鳥たち。何千万年という時間をかけて進化してきた彼らにとって、人間がやってきてからの数百年という時間は一瞬の出来事だったのだろう。現在も、なお悲劇がニュージーランドの鳥たちに降りかかっている。彼らが進化して生き延びるには時間が短すぎたのだ。以下は絶滅していった鳥たちの代表例だ。

ジャイアントモア
体長が約3.5mという史上最大ともいわれる大型鳥類。翼が退化し飛べない代わりに、太く頑丈に発達した脚で走ったとされる。移住してきた人間によって絶滅させられたといわれている。
（CGによるイメージ再現）

ハーストイーグル
ジャイアントモアとともにニュージーランドに生息していた史上最大のワシ。空中からモアを襲い、捕食していたとされる。モアの数が減ることで、ハーストイーグルの数もまた減ったとされる。
（CGによるイメージ再現）

ワライフクロウ
鳴き声が高笑いしているように聞こえることから名付けられたフクロウ。ヨーロッパから連れてこられたアナウサギが大量に繁殖したため、対策としてフェレットやオコジョが放たれた。しかしアナウサギだけでなく、ワライフクロウも襲われたため絶滅したといわれている。

ニュージーランドツグミ
ピオピオとも呼ばれるツグミの1種。1880年代から急激に数を減らし、1955年に北島の亜種が、1963年に南島の亜種が絶滅したといわれている。主たる絶滅の原因はもち込まれたネズミなどによる捕食や生息環境の減少と考えられている。

ホオダレムクドリ（メス）
クチバシがオスとメスで異なる形をしている。オスが木の皮をはいで虫をとり、メスが湾曲したクチバシを使って木の穴の奥をあさる。19世紀後半には多様な種が確認されていたが、森林の伐採などによる生息域の減少や狩猟、病気などにより急激に数が減少し、1907年に絶滅した。

手つかずの自然が残る スネアーズ諸島

ニュージーランド本島の南200kmに浮かぶ小さな島々。近海では寒流と暖流が衝突することで発生する大量のプランクトンを求めて魚が集まり、魚を求める鳥にとっても繁殖地になっている。ハイイロミズナギドリが繁殖期に訪れたり、スネアーズペンギンの生息地となったり、手つかずの自然が残る貴重な場所。環境保全のため、人の立ち入りが禁止されている。

6 東アフリカ・アルバタイン地溝

謎の類人猿の王国

アフリカの大地溝帯——。それは地球内部のマントルの動きによってつくられた幅50kmを超える巨大な大地の裂け目だ。
アフリカ大陸東部を南北に貫く大地溝帯のうち、赤道と交わるあたりはアルバタイン地溝とよばれる。
自然の力がつくり出した起伏の激しい大地は、変化に富んだ風景を見せてくれる。
そこには多様な生きものが息づくが、なかでも注目されるのは、人間に近い類人猿だ。
生息するゴリラ（ニシゴリラ・ヒガシゴリラ）・チンパンジー・ボノボの3種類の大型類人猿のなかには、
深い森にひっそりと生きているため謎が多いものもいる……。

日本から約11800km離れたところにあるアフリカ大陸の東部を南北に縦断する巨大な谷・大地溝帯。その大地溝帯のうち西側にあって赤道と交わるあたりがアルバタイン地溝だ。

多様な生命が息づく大地溝帯

広大な熱帯雨林、標高 5000m を超える高山、アフリカ最大の湖……。
ここにはアフリカの鳥の半分以上、ほ乳類の 4 割近くが見られるという。
高地に育つ巨大植物、ジャングルを這い回るどう猛なアリ、陸上動物と縁深い不思議な魚。
そして、人類の仲間ともいえる類人猿が暮らしている。

ボノボ

ジャイアント・セネシオ　　ジャイアント・ロベリア

東アフリカ大地溝帯周辺の自然を特徴づける代表的な生きものたち

マウンテンゴリラ　ハシビロコウ
チンパンジー　キノボリハイラックス　タイヨウチョウの仲間　サスライアリの仲間
アカコロブス　ハイギョの仲間　オカピ　ジョンストンカメレオン

熱帯のアフリカに独特の環境をつくり類人猿を守った大地溝帯

はるか昔、アフリカの大地に生まれた類人猿は、あるとき、地球規模の乾燥化という試練に見舞われる。
その際、彼らの命を繋いだのはアフリカの森だった。
類人猿を守った大地溝帯の成り立ちを追っていく。

アフリカで猿人類誕生

現在アフリカには3種類の大型類人猿が暮らしている。類人猿は元々アフリカで生まれたと考えられていて、1000万年以上前には、アジアやヨーロッパなどに広がっていった。しかしその後、地球規模の乾燥化により熱帯雨林は縮小し、各地の類人猿は姿を消していった。そうしたなかで、なぜアフリカの大型類人猿は変わらず生き延びることができたのだろうか。彼らがアフリカで生き残る上で、大きな役割を果たしたのは大地溝帯だった。

地球規模の乾燥化

その後、地球規模の乾燥化が起こり、各地の熱帯雨林は縮小した。
そして、類人猿も各地で姿を消していった。

1000万年以上前に生息域を拡大

類人猿は、1000万年以上前には、アジアやヨーロッパにも生息域を拡大していった。

大地溝帯のなりたち

地球内部のマントルの上昇流が、東西に流れ、大地が引き裂かれた。大きな谷といえる大地溝帯ができた。

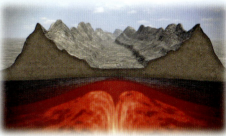

大地溝帯が誕生したとき、地殻に膨大な圧力がかかり、その結果岩盤が隆起した。その後、氷や雨風が岩を削り、険しい高山をつくり上げた。

アフリカには森が残っていた

しかし、アフリカには、類人猿の住みかとなる森が残されていた。それは大地溝帯の恩恵だった。

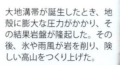

湿気を含んだ大気と山の影響で西側には森ができた。類人猿たちの森は、大地溝帯にそびえる山によって守られたのだ。

地溝帯の西と東は別々の環境になった

アフリカ中央部は地溝帯によって2つに分断され、一方は乾燥し、一方は湿潤な地域になった。

西側には森が

赤道付近では、大西洋から水分を含んだ西風が吹いている。この風は大地溝帯がつくった山にぶつかり、西側に大量の雨をもたらす。その結果、西側では湿潤な森が発達した。

東側にはサバンナ

地溝の東側は、乾いた風の影響で、乾燥した草原が広がりサバンナとなった。

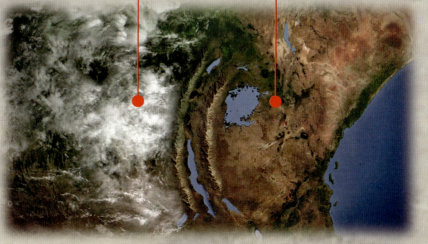

高山、ジャングルの中で
進化した動植物

アルバタイン地溝は熱帯のアフリカに独特な環境をつくり上げた。西に広がる広大なジャングル、5000mを超える高山、麓に広がる雲霧林……。動植物たちは、生き残るために、それぞれが厳しい環境に適応して進化していった。

植物が巨大化する高山

ルウェンゾリ山地は標高5000mを超えるアフリカ有数の高山。大地溝帯を生み出した巨大な力が岩盤を隆起させたものだ。赤道直下に位置しながら、山々の頂は雪や氷河に覆われる。しかし、山頂部以外は雪も少なく、風も強くない。四季がなく、大量の雨が降り、日中の気温は20℃にもなる。豊富な水と温暖な気候により、この高山で草は巨大化した。

高山で暮らす
マウンテンゴリラ
山で進化を遂げてきた霊長類。果物の乏しい高地で地上性の草を主食に生息している。なかには、富士山を超える標高に暮らしているものもいる。

高さ10m！
ジャイアント・セネシオ
高さ10mにもなる、巨大な植物。これほどの大きさをもちながら、キクの一種だという。

1日の3分の1を食事に費やす
タイヨウチョウの仲間
ロベリアの花の蜜を食料とし、寒暖の激しい過酷な環境で1日の3分の1を食事に費やす。1ヵ所からとり過ぎないよう均等に花を訪れる。

実はゾウの仲間
キノボリハイラックス
一見すると、ネズミのように見えるが、実はゾウの仲間。ウサギほどの大きさで、ロベリアの葉が好物。競争相手の少ない高山でひっそりと暮らしている。

巨大な棒?!
ジャイアント・ロベリア
巨大な棒のように見える植物はサワギキョウの仲間。日本のサワギキョウは50cmほどだが、ここでは3mにもなる。木のように見えるが、これらはすべて草だ。

生きもので溢れるジャングル

アルバタイン地溝周辺は広大なジャングルが広がる、世界最大の熱帯雨林の1つだ。ここには、どう猛なアリや3本ツノのカメレオンといった珍しい生きもの、そして地球上で最も多くの種類のサルや類人猿が生息している。

ジャングルを移動して暮らすどう猛なハンター サスライアリ

大きな群れでジャングルの中を移動して暮らす。1匹の女王アリを中心にした1つのコロニーはすべてメスで、最大2000万匹もいる。地球上で最も大きな家族といえる。巨大なアゴをもち、出会う生きものすべてに襲いかかる。牛や馬をも襲うことがあるという。

太古のほ乳類オカピ

ウマに似ているがキリンと近縁。アジアやヨーロッパから移住してきたシバテリウムの仲間が共通の祖先。地球の乾燥化が進み、各地で仲間が絶滅したが、アフリカの奥地にいた彼らは生き残った。

人間に最も近いチンパンジー

イチジクなどの果物が好物だが、300種ものさまざまな植物を食べる。人間に最も近い動物といわれ、遺伝子の違いはわずか1%しかない。

3本のツノ！苔むした森に棲む ジョンストンカメレオン

3本のツノはオスのみに発達し、縄張りをめぐる争いの際に使われる。この恐竜のような姿は、ルウェンゾリ山地の丘陵地帯でしか見ることはできない。

世界最大の霊長類は
人間の家族のような社会を築く

高山で暮らすマウンテンゴリラ。体重250kgを超える世界最大の霊長類だ。
高地では、果実が豊かになる樹木は少ない。そこに生きることを選んだゴリラは、
父親を家長とする人間家族を思わせるような社会を形成し、寄り添って生活していた。

草を主食にし高山で生きる道を選んだ

高山には、果実を付ける大きな樹木はあまりない。だが、その代わり、日光は地上まで届き、草は豊富に生える。マウンテンゴリラは、草や竹など地上性の植物を主食にして、高山で生きる道を選んだ。

父として、リーダーとして君臨するシルバーバック

群れを率いるのはシルバーバック。名前の由来となった背中の毛が銀色の成熟したオスのゴリラだ。大きなシルバーバックだと体重300kg近くにもなる。通常、群れの中心にいてなかなか姿を現さない。群れはシルバーバックとメスと子どもたちからなる。子どもはすべてシルバーバックの子どもで一夫多妻の家族だ。

シルバーバックについて行く群れ
ゴリラの群れは、シルバーバックによって、厳しく統率されている。

父に見守られ育つ子どもたち
母と子が常に一緒のチンパンジーと違い、ゴリラの母親はしばしばシルバーバックに子どもを預ける。子どもは、父親に見守られながら、兄弟で遊び、知識や経験を身に付けていく。

シルバーバックのそばでリラックスしているゴリラの子ども。

背中で子どもたちがはしゃいでいても、怒ることなく見守っている。

正反対の性格に進化
コンゴ川で分かれた
チンパンジーとボノボ

アルバタイン地溝の西を流れる大河・コンゴ川。
川幅はゆうに10kmを超える。
100万年ほど前、一時的な乾燥で川の水位は低下したため
北側の類人猿の一部が南側に渡った。
その後、水位が回復し、生息地は分断された。
北と南では環境が微妙に違うこともあり、
近縁だが社会性の異なる、2つの類人猿が誕生した。
（京都大学　竹元・古市博士らの研究）

チンパンジーの棲むやや乾燥した北側

コンゴ川を挟んだ北側は、ボノボが棲む南側よりやや乾燥したところが多い。

食べ物が少ない

南側ほど食料は豊富ではなく、小さなグループに分かれて生活している。そのため、チンパンジーのメスたちも普段はバラバラになるが、子どもだけ連れて行動する。

コンゴ川

アルバタイン地溝の西を流れる大河。大地溝帯の隆起によって生まれた。川幅13km、最大水深200mを超える。

ボノボの棲む豊かな川の南側

チンパンジーの棲む北側に比べ、湿潤なコンゴ川の南側。ボノボは豊かな森を独占することができるようになったと考えられる。深い森にひっそりと生息するため、まだ謎が多い類人猿だ。

食べ物が豊富

コンゴ川の北と南で果実のなる大きな木で食事をする割合を調べると、ボノボがチンパンジーより3割近く多いことがわかった。これは南側の方が、果実が豊富にあることを示している。また、チンパンジーのように分散せず、メスも皆で集まって行動し、一緒に食べる。

攻撃的なチンパンジーのオス
食料をめぐる競争が激しかったコンゴ川の北側では、チンパンジーは平均5頭たらずの小さなグループに分かれて行動する。オスが群れを牛耳り、順位やメスをめぐる争いなどは、威嚇や直接の喧嘩で解決する。オスはすべてのメスに対して優位であり、オスの強い攻撃性によって社会の規律を保っている。

短い発情期間
類人猿は、子育てに時間をかけるように進化してきた。そのため、出産間隔が長くなり、発情期間も短くなったという。妊娠可能なメスが少ないため、チンパンジーのオスは争いを勝ち抜こうと、攻撃的な性質を進化させた。

サルを襲って食べる！
チンパンジーは、ほかの種類のサルを襲って食べる。また、同じチンパンジーで違う群れのオスと激しく争って相手を殺すこともあるという。

ひんぱんな交尾とニセの発情
ボノボのメスは、妊娠の可能性がない時期でも、オスを受け入れる。つまり、メスは見せかけだけのニセの発情をするのだ。こうして交尾できる機会が増えたことで、ボノボのオスにはメスをめぐる激しい争いが必要なくなった。

平和主義のボノボ
20世紀に入って発見されたボノボ。深い森にひっそりと生きているため、まだ謎が多い類人猿だ。チンパンジーと比べると体はやや小さく、細い。ボノボの集団では、オスとメスの地位が対等でもめごとが起こることは少ない。

メスがリーダー
ニセの発情はメスの戦略だ。性交渉の成立の許諾権を握るものが権力を握っていく。ボノボは、メスが性をコントロールすることで集団のリーダーシップを握る社会をつくり上げていったと考えられる。

※マックス・プランク協会　ゴットフリート・ホーマン博士／京都大学霊長類研究所　古市剛史・橋本千絵博士らの研究

大地溝帯がつくった湖に暮らす生きものたち

大地が沈み込み、水が溜まった地溝の東側には、アフリカ最大の湖、ビクトリア湖がある。
ここには陸上動物の進化の鍵を握る重要な生きものが棲んでいる。
エラだけではなく、肺も使って呼吸する不思議な魚だ。
そのほかにも電気信号を使う魚、水草の上を歩く鳥など、多様な生きものたちが湖に暮らしている。

長時間水中にいると窒息する巨大な魚
ハイギョ

3億5000万年前からその姿を変えていないとされる原始的な魚、ハイギョ。その名前のとおり、エラだけではなく、肺も使って呼吸する巨大な魚だ。ハイギョのエラは退化しているため、長時間水中にいると窒息してしまうという。現存する動物のなかでは、魚から両生類に進化した生きものに最も近いといわれている。

エラの機能が退化
エラの機能が退化した代わりに、直接空気を取り込める肺をもったハイギョ。乾季の厳しい環境に適応した。

水がなくなると土の中にもぐる
乾季で水が干上がってなくなってしまうと、土の中にもぐってしまう。その状態で数年間も生きるという。

人間の食料になる
ハイギョは現地に住む人間にとって貴重な食料であり、漁の対象になっている。

沼の中でコミュニケーション
電気を発するエレファントノーズフィッシュ

アルバタイン地溝周辺の沼地。澱んだ水が濁って、視界が悪い。この環境で生きていくため、類まれな能力を進化させた。ハンティングやコミュニケーションに電気を発するのだ。この仲間は、種が豊富で、アフリカ固有の魚だ（淡水生態学者 ローレン・チャップマン）。

電場をつくる
尻ビレのつけ根にある特殊な器官が電場をつくる。ほかの生きものが入り込むと電場が変形して、それを感知する。

電気のサインでアピール
それぞれの種が電気のサインをもっている。縄張りをめぐる争い、社会的地位のアピール、繁殖相手に自らを印象付けるために電気を発する。

葉の上を歩くレンカク

レンカクは、長い足指と長い爪で水面に浮く水草やスイレンの葉の上を歩く。葉の上をすばやく歩き回ったり、軽く羽ばたいたりして、水生昆虫を採食する。

巨大怪鳥の不思議な進化

ハイギョが生息する水辺は、この巨大魚を狙う謎の鳥の漁場となっている。
好物の弱点を知り尽くしたその戦術は実に巧みなもの。この奇妙な鳥が何の仲間なのか、実はよくわかっていない。
不思議な進化を遂げてきた謎多き生きものといえるだろう。

謎の鳥「ハシビロコウ」

身の丈は1mをゆうに超える巨大な鳥。ハイギョが、呼吸をしに水面に出てきたところを一瞬の動きでくわえ、そのままひとのみする。捕えた獲物を逃がさない特殊な形状のクチバシが、この必殺技を可能にしている。

身の丈は1m40cm、
クチバシが異様に大きく奇妙な姿をしている。

フックのように曲がった大きなクチバシ

巨大なクチバシのフック上の先端は、滑りやすい魚をしっかりと捕まえるためのもの。

自分の気配を消して獲物を狙う

ハイギョのエラは退化し、窒息しないようにするために、数時間に1度、水面から直接空気を取り込まなければならない。ハシビロコウは、何十分も自分の気配を消してピクリとも動かずに、ハイギョが水面に顔を出す瞬間を狙う。

HOT TIME

追い詰められる類人猿

急激に人口が増え、車や人が行き交うウガンダ。

森が切り開かれ、農地が増えている。

跳ね罠によって片足を失ったチンパンジー。

豊かな森で進化を遂げてきた生きものたち。しかし、その未来は決して安泰とはいえない。なぜなら、私たち人間の数が急激に増加しているからだ。

類人猿が暮らす地域では、急激に人口が増えている。増大する食料の需要にこたえるため、森は切り開かれ、農地に変わっていく。そして、人に慣れたゴリラは、人間の生活空間にやってくるようになった。そんななか、村人はイノシシなどを捕まえるために「跳ね罠」を仕掛ける。この罠にチンパンジーもかかってしまうことがある。ゴリラやチンパンジーは、人類と共通の祖先をもつ仲間だ。しかし、人類は、その仲間を追い詰め、暮らしを脅かしている。

 いろいろな類人猿に会える

ブウィンディ原生国立公園

ウガンダ南西部、コンゴ民主共和国とルワンダの国境付近に位置する、森林地帯の国立公園。ゴリラを安全に観察することができる。標高1200m～2600mの山岳地帯では、アフリカの原生林のなかでも豊富な種類の樹木が見られる。熱帯雨林のなかをトレッキングするサファリが中心で、マウンテンゴリラを探しながら、ほかのサルや鳥類などを合わせて観察することができる。

カリンズ森林保護区

ウガンダ共和国森林省が管轄する森林保護区。かつてウガンダ西部を南北に貫いていた熱帯雨林は伐採により消失した。カリンズ森林北部にはチンパンジーを始めとする6種類の霊長類やカモシカ類、イノシシ類などが生息し、一部のチンパンジーを観察できるトレッキングなどがある。カリンズ森林保護区へは、国際空港のあるエンテベから首都のカンパラへ行き、そこから車で約5時間の道のり。

7 中米コスタリカ
2つの大陸が交わる生きものの宝石箱

中央アメリカは、生きものの種類が多いことで知られるホットスポット。
なかでもコスタリカは、単位面積あたりの生物多様性が最も高い国の1つだ。
海岸線から内陸部にかけては豊かな熱帯の森が広がり、中央には活火山と3000m級の山々がそびえる。
そして、世界でも珍しい熱帯の乾燥林が独特な環境をつくり出している。
そんな多様な世界が誕生した背景には、海と陸の激動の物語が秘められていた。

コスタリカ
日本からの距離は約13000km。中央アメリカの南部に位置し西は太平洋、東はカリブ海に面している。日本からの直行便はなく、アメリカまたはカナダ経由で首都サン・ホセ行きに乗り換えるのが一般的。

変化に富んだ自然にひしめきあう 50万種の動植物

コスタリカの面積は九州と四国を合わせたほどしかない。
その狭い国土に50万種の動植物がひしめく。その数は日本のおよそ5倍だ。
風変わりなほ乳類、美しさを競う鳥、巧みな戦略で生き抜く昆虫……。
そこには、自然の変化に対応して生き延びる生きものたちの物語が溢れている。

コスタリカの自然を特徴づける代表的な生きものたち

ケツアール

シロヘラコウモリ

ケンプヒメウミガメ

オリーブヒメウミガメ

ジェフロイクモザル

ヒノドハチドリ

サンショクキムネオオハシ

ウオクイコウモリ

バラノトゲツノゼミの仲間

プラチナコガネの仲間

ヘレノール・モルフォ

ツマジロスカシマダラ

ヘラクレスオオカブト　キンカジュー　ホエザル　キタコアリクイ

ノドジロオマキザル　ハナジロハナグマ　キモモマイコドリ　ムナジロマイコドリ

地殻の変動によって生み出された
多様な環境と新たな進化のドラマ

大陸の融合によって、北アメリカと南アメリカの境に生まれた中央アメリカ。
ここには両大陸からやってきた種が混在しており、特別な地域となっている。

300万年前

海に分断されている2つの大陸
現在の北アメリカと南アメリカは繋がっておらず、2つの間には大きな海が広がっていた。

中央アメリカ誕生
大陸の間に生まれた島々が繋がり、南北アメリカ大陸を繋ぐ陸橋になった。これが中央アメリカだ。

地殻活動によって海底火山が生まれた。

海底火山が次々と噴火し、大陸の間に島が形成された。

5000万年前

5つのプレートがぶつかり合う
中米コスタリカ周辺は5つのプレートがぶつかり合う地殻活動の活発な場所。
各地に標高3000mを超える山や火山が生まれた。

① ココスプレート
② 北アメリカプレート
③ カリブプレート
④ ナスカプレート
⑤ 南アメリカプレート

5つのプレートがぶつかり合う。

コスタリカの中央部に高い山脈が生まれた。

20以上の環境が生まれた

熱帯地方の山では、標高や場所によって気温や雨量に大きな差が生じる。コスタリカには20種類以上の環境ができた。

生きものたちが大合流！
移動と合流

2つの大陸が繋がり、生きものたちの大移動が始まった。南北それぞれの大陸からやってきた種が中央アメリカで合流し、種のるつぼが生み出された。

北から　肉食獣がやってきた

北米からやってきたのはネコ科の肉食獣。南米の生きものにとっては初めて出会う強力な捕食者だ。その子孫がジャガーやピューマとなり、中南米最強のハンターになったといわれている。

スミロドン（CGによるイメージ再現）

ジャガー

ピューマ

南から　南米で独自の進化を遂げた

元々南米に棲み、独自の進化を遂げていたオオナマケモノやオオアルマジロも北アメリカに進出した。

メガテリウム（オオナマケモノ）（CGによるイメージ再現）

グリプトドン（オオアルマジロ）（CGによるイメージ再現）

新しい生態系の誕生

北からは虫を食べるコウモリ、南からはウオクイコウモリなどがやってきて、中央アメリカで合流した。昆虫や鳥もそれぞれの大陸の種が合流して新しい生態系が生まれた。

環境の違いが新しい種を生み出す

熱帯雲霧林
山の上では霧がかかる。

熱帯雨林
山の中腹から麓にかけては雨が多い。

湿地
海の近くには湿地やマングローブ林。

熱帯乾燥林
カリブの海風は山の東側に雨を降らせ、太平洋側に乾燥をもたらす。

オレンジマイコドリ（写真）とムナジロマイコドリは元々同じ種だったが、隆起した山が障壁となって生息地が分かれ、それぞれの環境に合わせて別の種に進化したと考えられる。

環境に適応し、新たな行動を身に付け
生存競争をくぐり抜けてきた強者たち

南北から移動してきた種が混在する中央アメリカの森。
未知の捕食者と出会い、新たな生存競争のなかで絶滅する種も多いといわれる。
そんな厳しい環境に適応し、新たな行動を身に付けて生き抜いてきた強者たちがいる。

新たな行動を身に付けた
ノドジロオマキザル

南米から来たサルの仲間。食べ物への好奇心が旺盛で、賢く器用だ。木のウロなどに隠れた昆虫を手で捕えたり、チクチクする毛に覆われたスロアネアの実を、木の枝にこすりつけて毛を取りのぞいて実を食べたりする。また、敵の種類によって異なる警戒音を出し仲間に知らせあう。小型の動物を捕食することもある。

コミュニケーションの達人
ホエザル

夜明けと夕暮れ、いっせいに遠くまで届く大きな声を上げ、ほかの群れと出会わないように近くの群れに警告を発している。

第5の足をもつ生きもの

ジャガーやピューマなどは、高い木に登ることができない。そのため、捕食者の牙が届かない樹上での生活に適応し、繁栄する動物たちがいる。その多くに共通するのが物をつかむことのできる独特の長いしっぽで、第5の足ともよばれる。

コアリクイ

コアリクイは木の上でアリを探すように適応している。不安定な高い木の上でアリを探すのは至難の業だが、しっぽでうまくバランスをとっている。

ジェフロイクモザル

しっぽを枝にからませて体を安定させ、枝から枝へスムーズに移動する。しっぽの内側には毛がなく、枝をしっかりつかめるようになっている。

キンカジュー

北からやってきたアライグマの仲間で、木の上で生活する。枝に巻き付くしっぽは、祖先が中南米の森に進出するなかで獲得したとされる。

蜜をなめる舌

キンカジューは長い舌でバルサの花の奥にある蜜をなめ取る。

カエルクイコウモリ
カエルを捕まえるように進化したコウモリ。カエルの上に降り立ち、翼を広げて逃げ道を塞いでしまう。つかまえると素早く、くわえて飛び立つ。

パナマシタナガコウモリ
ほとんど花の蜜だけを吸って生きている。ハチドリのようにホバリング（空中静止）し、長い舌を花の奥まで差し込んで蜜を吸う。花に集まる虫を狙っているうち、蜜をなめるようになったといわれている。

テントコウモリ
果物を食べるコウモリ。

シロヘラコウモリ
世界でも珍しい白いコウモリで、オス1匹とメス数匹でハーレムをつくって生活する。昼間はヘリコニアという植物の葉の裏に群れでぶら下がっている。

ウオクイコウモリ
魚を専門に食べるコウモリの1種。長い指や鋭い爪など、魚を獲るのに都合がよい形をしている。祖先は昆虫を食べていたが、水面に落ちた虫を捕まえているうちに魚を捕るようになったと考えられている。

魚が出す波紋を超音波で感じ取り、波紋が出たあたりを飛びながら足で探る。足に魚が引っかかると、曲芸のように素早く口に運ぶ。

長い指と鋭く曲がった爪は、滑りやすい魚を引っかけるのに適している。

うっそうとした森の中で「美」を進化させた鳥たち

木々が生い茂って葉が重なり合い、昼でも薄暗いジャングル。暗い森の中でひときわ目につくのが色鮮やかな鳥たちだ。コスタリカには900種以上の鳥が生息し、その数は世界の鳥の1割にあたる。メスにアピールするため、さまざまに進化してきた鳥たちが多様なその美を競う。

世界一美しい鳥 ケツアール

世界で最も美しい鳥とよばれるケツアール。中央アメリカの固有種だ。長い尾のような飾り羽が目をひくが、これをもっているのはオスだけ。繁殖期には数羽のオスが集まり、メスに向かって美しさを競う。

音とダンスでアピール ムナジロマイコドリ

素早い動きで翼を打ち付けてパチパチという音を鳴らす。見通しが悪い森でも確実に自分をアピールする。翼を打ち付けながら枝から枝へ飛び回る高度な技もある。

メスにダンスでアピールする キモモマイコドリ

すべるように踊る奇妙な動きのダンスは、メスに向けてのアピール。自分専用の踊り場があり、決まった枝で踊る。赤い頭が印象的。

輝く羽
ケツアールの羽は光に当たると特に輝きを増す。

輝く美しさをもつハチドリ
陽に当たると光り輝く羽は、角度によって7色に変化する。

サンショクキムネオオハシ
鮮やかな3色のくちばしがひときわ目を引く。

透明・擬態・地味な色……
多様な戦略で生きる昆虫

中米のジャングルには多くの昆虫が暮らしており、その種類は 50 万ともいわれる。
外敵から身を守るための進化が彼らにもたらした生存戦略は実にさまざま。
自らの存在を公然とアピールするものがいれば、
カムフラージュして姿を隠すものもいる。

圧倒的な存在感を放つ昆虫たち

世界最大のカブトムシ　ヘラクレスオオカブト
すらりと伸びた角が印象的な世界最大のカブトムシ。全長約 16cm。

ピカピカとメタリックに光るプラチナコガネ
体の裏から足の先までメタリックシルバーに光る。鏡のような体に風景を映し込んで周囲に同化するという。中央アメリカ特有の種。

超ビッグサイズ！　ヤママユガの仲間
うっそうとしたジャングルにあって、目を見張るようなその大きさにビックリ！　羽を広げると 30cm 近くあるものも。

カムフラージュする昆虫たち

地味な色合いで鳥をだますジャノメチョウ
日中は鳥に食べられないように、仲間で固まりになって隠れている。ジャノメチョウの多くは、外敵に見つかりにくいように地味な色合いをしている。

目くらましで敵を惑わすモルフォチョウ
ジャノメチョウの仲間で、葉に止まり羽を閉じているときは地味な色合いだが、開くと鮮やかなブルーの色があらわれ、羽ばたくと一瞬姿が消えたように見える。これで敵を惑わす。

枝?! バラノトゲツノゼミ
バラのトゲのような姿をしているので、集団で枝にじっとしているとトゲのある植物のように見える。この虫のように、なにか別のものの形を真似て外敵から身を守ることを「擬態」という。

透明?! スカシマダラ
羽が透明なので、飛んでいても敵から見えにくい。コスタリカにはこのチョウの仲間が70種もいる。

生き残るためにアリバダを起こすカメ

真夜中過ぎの海岸に、母ガメたちが卵を産みにやってくる。
年に数回、それがとてつもない大集団になる夜がある。
「アリバダ」とよばれる集団産卵だ。

大切な命を未来へ繋ぐアリバダ

大規模な集団産卵が起きるのは6月〜11月。コスタリカの西海岸には、オリーブヒメウミガメの集団で埋め尽くされる浜がある。多いときには数十万匹が7キロにわたって上陸するという。この大規模な集団産卵は「アリバダ」とよばれており、スペイン語の「アリバール（到着）」が由来である。集団で産卵し、一度にふ化する数が多くなるほど、敵に襲われる確率が低くなる。それでも、ふ化して海までたどりつけるのは全体のおよそ7％といわれている。

陸橋の誕生で1種から2種へ

規模は違うが、アリバダは中央アメリカの東海岸でも見られる。東側で産卵するのはケンプヒメウミガメという別の種類のカメ。しかしDNAの分析から およそ600万年前はオリーブヒメウミガメと同じ種類だったことが判明した。600万〜300万年前に南北の大陸が繋がって海が分断されたため、1つの種が違う種に分かれて進化した興味深い例だ。

カメと人との共存で新たな命を育む

卵を守る人々

コスタリカでは昔からカメの卵を食べる習慣がある。しかし乱獲が心配されるようになったため、村と国が規制をつくった。アリバダが起こると、最初の3日間だけ、決まった場所で一定の数の卵だけを採取し、正規の商品として売り出す。そしてそれ以外の卵は密猟されたものとして取り締まる。

正規に販売されているカメの卵。

卵の採取は村人の共同作業。

アリバダの環境を保護する

卵を採取する村では、卵の販売によって収入が得られるようになった。そのお返しとして、村人は、カメが繁殖しやすい環境を整えている。浜に草がはびこると、カメは穴を掘ることができない。それを防ぐため、定期的に草刈りをする。また、流木やゴミは、ふ化した子ガメが海まで歩くときの障害になるため、撤去作業や掃除を行っている。このような取り組みの効果により、コスタリカではウミガメの数が年々増加しているという。多くの場所で、野生動物と人間とのありかたが問われているなか、ここでは人とカメの共存が成立している。

ウミガメのためにゴミ拾いや草刈りをする村人たち。

整えられた砂浜でふ化する子ガメ。

8 中国南西部
ヒマラヤへと続く ミステリアスな天空の世界

広大な面積を誇る中国。その南西部に秘境とよぶにふさわしい場所がある。
6000m級の山脈が何本も平行して走る山岳地帯。
世界一の山脈であるヒマラヤがつくり出した天空の秘境には、独自の進化を遂げた生きものたちの姿があった。

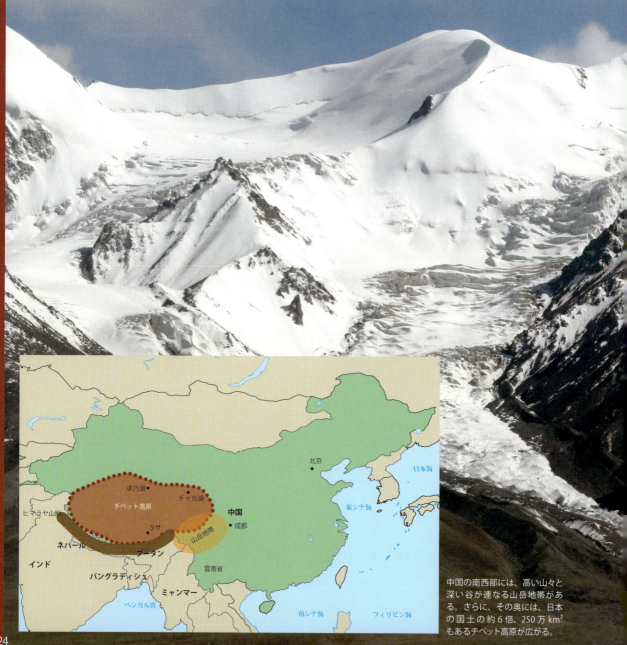

中国の南西部には、高い山々と深い谷が連なる山岳地帯がある。さらに、その奥には、日本の国土の約6倍、250万km² もあるチベット高原が広がる。

標高の高い過酷な環境に
適応した生きものたち

中国南西部の奥地にある、ヒマラヤへと続く山岳地帯。
氷河期を生き延び、標高が高い過酷な環境で命を繋ぐ幻の生きものたち。
そこには、大陸の衝突が引き起こした壮大な命の物語がある。

ウンナンシシバナザル
(ビエモンキー)

中国南西部の自然を特徴づける代表的な生きものたち

ジャイアントパンダ　チルー　キンシコウ
ウンナンシシバナザル　レッサーパンダ　ヒマラヤハゲワシ
ヤク　タケネズミ　クチグロナキウサギ
キンケイ　チベットヒグマ　オンセンヘビ

北半球の広域に影響を与えた氷河期と
大陸の衝突で生まれた山脈と高原

大陸の移動と衝突によって誕生したヒマラヤ山脈とチベット高原。
地球の壮大な営みが、世界一の標高と厳しい寒さの環境をつくり上げた。
そんな特殊な環境を耐え抜いてきたからこそ、氷河期の寒さを生き延びた生きものたちがいる。

大陸移動の名残りチャカ湖

チベット高原にあるチャカ湖は、大規模な地殻変動の名残りを今に伝えている。湖の辺り一帯は、はるか昔海だったという。高原の少し窪んだ場所には、周りの山々からミネラルや塩分を含んだ水が流れ込んで溜まる。内陸は乾燥しているため、水分が蒸発し塩が結晶として湖に浮き出す。

ヒマラヤ山脈

5000万年前
インドがユーラシア大陸と衝突してヒマラヤ山脈ができた

北上してきたインドがユーラシア大陸に衝突。その圧力で大地が隆起し、世界一高いエベレストを始めとするヒマラヤ山脈ができた。

さらに圧力がかかり

7000万年前

大陸移動が進む

今のインドとユーラシア大陸の間には海が広がっていた。やがてインドは北上を始める。

1億5000万年前頃
ゴンドワナ大陸が分裂

1億5000万年前頃からゴンドワナ大陸は分裂を始める。

370万年前
ケサイを始めとする寒さに適応した生きものが生息

370万年前のケサイの骨格が見つかっている。ケサイがチベットで繁栄していたのは、氷河期が始まるはるか以前ということになる。地球が氷に覆われる100万年前、チベット高原はすでに雪と氷に適応したたくさんの生きものたちがいた。

250万年前
200万年前

氷河期の始まり　中国の森は縮小

環境が激変し、寒さと乾燥で多くの植物が絶滅した。ケサイやマンモスなど厚い毛皮と巨大な体躯を備えた動物たちは、大規模な寒冷気候の下でも生きていくことができた。

200万年前、パンダの祖先と類人猿が競合

パンダの祖先は、ピグミーパンダとよばれ、現在のジャイアントパンダの半分ほどの大きさだった。史上最大といわれる類人猿であるギガントピテクスと食べ物をめぐり、競合していたと考えられている。その後、気候の変動に柔軟に適応しながらパンダの祖先は大きさを変え、生息域も増やしていった。その過程で中国全土に生息していた時期もある（中国科学院　ジン・チャンズー教授）。

ケサイ（CGによるイメージ再現）

雪と氷で覆われた世界には、厚い毛皮の動物が多かった。

（CGによるイメージ再現）
パンダの祖先といわれるピグミーパンダはとても小さく、現在のジャイアントパンダの半分ほどだった。

森林の奥には洞窟があり、類人猿が生息していた。

（CGによるイメージ再現）
ギガントピテクスは史上最大の類人猿といわれている。

地殻全体が押し上げられ、チベット高原が誕生

さらに北に進もうとするインドの圧力によって北側の地殻全体が押し上げられ、広大なチベット高原が誕生した。

酸素濃度が低い高地へ移動し氷河期の終わりを生き抜いたヤク

ヤクの祖先は元々標高が低い場所に棲んでいた。
それがなぜ標高5000mを超える高山で暮らすようになったのか。
その理由は、氷河期を乗り越え、生き抜いた戦略にあった。

厳しい環境で生きるヤク

ヤクは体重が約1トンもある大型ほ乳類だ。10〜20頭の群れとなり、標高4000〜6000mの高原で暮らしている。ヤクが暮らす高原ではいつも強い風が吹き、木は1本も生えていない。この過酷な環境で生きていける理由は、氷河期と深いかかわりがある。

およそ250万年前に始まった氷河期には、ユーラシア大陸全体にケサイやマンモスなど毛の長い大型動物が繁栄していた。しかし、それらのほとんどはその後の暖かくなった環境に適応できず、絶滅した。ヤクの祖先は標高が高いところに逃れて、暑さを避け、生き延びることができたのだ。

ヤクはウシの仲間だが、同じくらいの体格をもつウシと比べると心臓は約1.5倍、肺は約2倍の大きさ。これらの臓器をおさめる肋骨の数もウシより1対多くなっている。

酸素を効率よく得る肺や心臓

6000mの高地では酸素濃度が平地の半分以下しかない。酸素が薄い高地で暮らせるように、ヤクの肺や心臓の大きさは体に対して大きくなっている。こうして酸素を効率よく得られるようになり、高地の環境に順応したと考えられる。

厳しい寒さに耐える長い毛
ヤクの全身は毛布のような長い毛で覆われている。こうして、冬には氷点下40℃にもなる高原の寒さから身を守っている。

汗をかかない体質
汗腺が機能していないため、ヤクは暑くても汗をかかない。汗をかいて体温を下げられないので、気温が20℃を超えると熱射病になってしまう。そのため、春がくると夏に備えて標高が高い場所へと群れで移動する。

より標高が高いところへ移動して夏の暑さをしのぐ。

乾燥、厳しい寒さ
過酷な環境に適応した動物たち

北部

中国南西部には秘境とよぶにふさわしい場所がある。
6000m級の山脈が何本も平行して走る山岳地帯。
その奥に広がる高原にはミステリアスな天空の世界が広がっている。
そこから内陸に行くと、北部に広がる砂漠が現れる。
冬は氷点下40℃、夏は逆に摂氏50℃にもなる過酷な環境だ。

南西部

南西部に広がる広大な大地「チベット高原」

いつも強い風が吹き、冬には氷点下20℃を下回ることも。木は1本も生えておらず、かろうじて草だけが生える厳しい環境で、氷河期の生き残りたちが暮らしている。

チベット高原

旺盛な繁殖力のクチグロナキウサギ

クチグロナキウサギは地下にトンネルを掘って家族で暮らしている。寒さに耐えるため、たくさん食事をとり体を温めるエネルギーに変える。高山の天気は変わりやすくヒョウが降ることもある。いつでも避難できるように巣穴の入り口付近で食事をする。寿命は1年ほどと短いが、何度も出産をくり返す旺盛な繁殖力が特徴だ。

チベット高原の固有種チルー

チベットカモシカともよばれる。夏になるとメスは出産のため、大群となって大きな湖の周辺へと移動する。

長い毛で覆われているヤク

高原の寒さから身を守るため、全身が毛布のような長い毛で覆われている。

寒さと乾燥が厳しい「ゴビ砂漠」

モンゴルから中国にかけて広がるゴビ砂漠。気温は、夏には50℃まで上がり、冬には氷点下40℃まで低下する。この冷たく乾燥した厳しい環境はほかに類を見ない。

ゴビ砂漠

空調システムを備えたサイガ

サイガはカモシカの仲間で、大きい鼻が特徴。この鼻は厳しい砂漠の環境を生き抜くために進化したもの。寒い冬には、吸い込んだ冷たい空気を鼻で一度温めて肺に送る。暑い夏には、鼻の粘膜に張りめぐらされた毛細血管から熱を発散して体温を下げる。

竹を食べる生きものたちが棲む「山岳地帯」

大きな山脈が連なり険しい山と谷が幾重にも続き、冬には氷点下20℃を下回ることもある。栄養が乏しく厳しい寒さの下でも逞しく育つ植物、竹や笹が標高の低い部分を覆うように生えており、その竹を食べて暮らす生きものが多い。

山岳地帯

しま模様の尾をもつレッサーパンダ

レッサーパンダはアライグマに近い仲間で、竹が好物。別名アカパンダ。独特のしま模様をもつ尾が特徴。

極彩色の鳥 キンケイ

キンケイは色鮮やかな鳥で、キジの仲間。中国南西部一帯に生息し、竹の葉などを食べる。

竹の硬い茎まで食べるタケネズミ

タケネズミは、その名の通り竹を食べるネズミ。葉だけでなく硬い茎も食べ、地下に掘った巣穴で暮らしている。

竹のスペシャリストになった
ジャイアントパンダ

パンダはその進化をめぐり、いまだに多くの謎が残る不思議な生きものだ。
雑食のクマを祖先にもちながら、ほぼ竹のみを食べて生きている。
偶然によって獲得した能力のおかげで、
地球環境の大変動を生き延びたパンダの秘密に迫る。

竹をかむための大きな筋肉が発達した頭

直径10cmもある竹の茎はとても硬い。パンダの顔の筋肉は硬い竹をかむために大きくなったと考えられている。

19世紀に発見された幻の動物

正式名称はジャイアントパンダ。19世紀になって初めて発見された。その数はわずか1600頭しかおらず、野生のパンダに出会うのは難しい。1日の大半を好物の竹を食べて過ごしており、日に20kgも食べるという。

竹がつかめる前足

パンダはクマの仲間だが、クマと違って前足でものをつかめる。前足には5本の指と向かい合う位置に特別な骨が2本ある。指とこの2本の骨の間に竹を挟んで食べるのだ。これらの骨は竹を食べるために発達したと考えられている。

竹の繊維を分解する菌をもつ腸

パンダはほかの草食動物にあるような特別な胃や長い腸はない。しかし、腸に竹の繊維を分解する特殊な細菌がいることがわかった。

パンダの2本の骨は厚い肉球に覆われ、人の親指のような役割を果たす。

肉をおいしく感じない体質

遺伝子の突然変異によってパンダは肉をおいしく感じない体質になったといわれる。肉のうま味を感じる体内物質の合成がうまくいかず、肉の味を感じなくなったのだ。そのため、肉が手に入る状況になっても肉食には戻らず、竹だけに頼って生きるようになったと考えられている。

パンダとホッキョクグマのDNAの塩基配列を比較したもの。パンダのDNAには2つの余分な塩基が挿入している。

竹をかむために発達した筋肉と骨

硬い竹をかむための大きな筋肉をおさめるため、頬骨が横に張り出して頭頂部の骨も発達した。パンダが竹をかむと頭の筋肉が動く。

竹をかむための大きな筋肉をおさめるため、頬骨と頭頂部が発達しパンダの頭は丸い。

パンダの祖先であるピグミーパンダの頬骨は小さく、頭の突起もわずか。このことからパンダの祖先は雑食性で、竹以外のものも食べていたと考えられる。

猛スピードで育つ竹

竹は世界で最も成長の早い植物で、1日に1mも育つ種もある。栄養が乏しく、寒さが厳しい地でも育つ。地上の葉が枯れても根だけで生き続けられる。

木登りは危険を感じたサイン

パンダは危険を感じると木の上に避難する習性がある。

単独で行動

パンダはオス・メスともに縄張りをもっていて、親子以外は単独で行動する。

深山幽谷にひっそり暮らす
険しい山脈によって分かれたサルたち

横断山脈の深い谷は、動物たちが谷を隔てた向こう側の山に移動することを拒んだ。キンシコウとウンナンシシバナザルは、元々共通の祖先をもつ同じ種類のサルだった。谷という自然の障壁によって、サルたちは2種に分かれ、それぞれの環境のなかで生きる術を身につけていった。

地衣類を主食にして生き延びた
ウンナンシシバナザル

ウンナンシシバナザルは小さい鼻が特徴だ。限られた地域に2000匹ほどが暮らしている。サルたちの食べ物は、一見トロロ昆布のような不思議な物。その正体は地衣類という菌類の仲間で、サルオガセなどともよばれている。空気中から水分とミネラルを吸収し木の上で成長する。サルが暮らす標高4000mの森は針葉樹ばかりで、柔らかい葉や木の実などはほとんどない。ウンナンシシバナザルは寒さに強く高地でも暮らすことができる。地衣類を主食として、ほかのサルが暮らせない高山で生き抜いている。

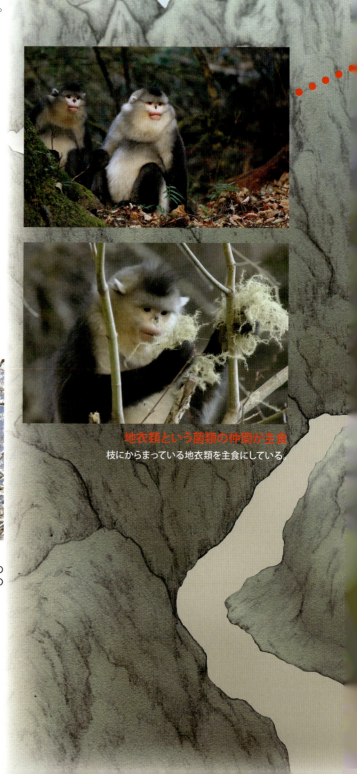

地衣類という菌類の仲間が主食
枝にからまっている地衣類を主食にしている。

食べ物が乏しい季節には縄張り争いが起きる
ウンナンシシバナザルは縄張りをもち、リーダーを中心に数匹の家族で暮らしている。群れと群れが争うこともしばしば。オスの鋭く大きな犬歯は闘いのために発達したと考えられている。

深い谷に阻まれ移動できず
山ごとに独自に進化

ウンナンシシバナザルとキンシコウ、この2種類のサルの進化にはヒマラヤがかかわっている。大陸の移動と衝突、その圧力によって地表にヒダのような山脈の集まりができた。山脈の間にはヒマラヤに水源をもつ大河が走り、険しい谷を削り出した。この深い谷が群れの交流を阻み、元々同じ種のサルたちが別の種へと進化していったと考えられる。

ウンナンシシバナザルと似ているキンシコウ

黄金色の毛で、ウンナンシシバナザルと同じように山岳地帯に暮らす珍しいサル。ウンナンシシバナザルとよく似ている。普段は木の葉や実を食べ、冬には木の皮などを食べる。赤ちゃんのキンシコウは大人と比べて淡い色をしており、数年間かけて金色になる。口の周りの皮膚は産まれたときにはピンク色をしていて、成長するにつれて青に変わっていく。

冬は木の皮を食べてしのぐ
食べ物の少ない冬には木の皮を食べて飢えをしのいでいる。

毛づくろい
子ザルはやんちゃだ。母ザルにちょっかいを出したりかけずり回って遊んだり、子ザル同士で毛づくろいし合ったりする。

湖に温泉……、限られた資源をいかして命をつなぐ生きものたち

出産を控えた夏に、何万頭もの群れになって谷から湖へと移動するチルー。チベットのあちらこちらに点在する火山性の温泉を利用して生きるオンセンヘビ。高原の限られた資源と自然条件などをいかして生きる生きものがいる。

出産のために数百km移動するチルー

チルーはチベット高原固有の種で、チベットカモシカともよばれる。毎年夏になると、湖の周りにある豊富な水や草を求めてメスたちの大移動が始まる。出産と産後の授乳に備えてたくさん草を食べるためだと考えられている。高原からチルーが目指す卓乃湖への距離はおよそ300kmで、移動は約1ヶ月におよぶ。

子への脅威1
真冬のように寒い極限の天候

夏にもかかわらず、雪やヒョウが降ると平原はまるで真冬のように寒い。そのため、寒さで命を落とす子どもも少なくない。短い夏はあっという間に過ぎ去る。親子が湖の周辺にいるのは20日ほどで、平原が雪で覆われる前に標高が低い谷筋へと移動する。

子への脅威2
上空から子どもを狙うヒマラヤハゲワシ

湖ではヒマラヤハゲワシの鋭い視線がチルーの群れを狙っている。翼を広げると3mにもなるハゲワシは上昇気流に乗って上空を飛び回り、親とはぐれ、死んだり弱ったりした子どもを狙う。チルーは数千という大きな群れをつくり、外敵から狙われるリスクを減らしている。

温泉の周りで暮らすオンセンヘビ

チベット高原にあるわずかな温泉のほとりにオンセンヘビがいる。変温動物であるヘビは、気温が氷点下まで下がると数時間で死んでしまうため、本来このような高地では生きられない。しかし、オンセンヘビは、温泉の熱が届くおよそ800m以内の場所に棲んでいるため、寒さが厳しいチベット高原でも生息できる。

HOT TIME 本格化しているパンダの保護活動

絶滅の危機にあるというパンダの数は、わずか1600頭。パンダを守るためのさまざまな活動が始まっている。

中国南西部で森林の伐採禁止

パンダの存在が世の中に知られるようになったのはおよそ150年前。発見当時、パンダはすでに中国南西部の山岳地帯の周辺にしかいなかったことがわかっている。現在、生息地はさらに6ヵ所ほどの狭い地域に分断されている。農地の開墾が山奥にまで広がって、竹林が畑に変えられるにつれ、1970年代からの約10年間で生息地は半分に激減。一時は生息数1000頭あまりと危機的な状況に陥った。これを受けてパンダの保護活動が本格化し、1988年には中国の南西部で森林の伐採が禁止された。パンダが棲む竹林を再生するための植林がスタートし、分断された生息地を緑の回廊で結ぼうという森の復活プロジェクトも進められている。

パンダの人工繁殖

パンダの数を増やそうと、人工繁殖の取り組みも積極的に行われている。番組が取材した施設では、毎年10頭前後の子どもが誕生しているという。パンダの人工繁殖の最終目的は野生に放すこと。パンダの人工繁殖が始まってすでに30年あまり、最初の野生復帰の試みから8年が経つ。しかし、自然に放され無事に生きているパンダはたったの3頭（2014年当時）。人の手で、野生で生きていく力を身に付けさせることは容易ではない。

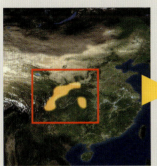
発見された当時の分布

現在は6ヶ所程度の分断された地域に分布

パンダにも会える！中国南西山岳地帯

ウンナンシシバナザルやジャイアントパンダ、レッサーパンダなどが生息する中国南西山岳地帯は、気候と地形の変化が大きく、生きものの固有種が豊かな地域の1つ。年間降水量が1000㎜を超える場所がある一方で、400㎜以上降ることがめったにないという場所まである。
パンダは成都市の北部郊外にある、成都ジャイアントパンダ繁殖センターで会うことができる。ジャイアントパンダ以外にもレッサーパンダなどの絶滅危惧種の動物が保護されている。またウンナンシシバナザルを見るには、崑崙（コンロン）から飛行機で香格里拉（シャングリラ）空港へ向かい、そこから険しい山岳道路を車で4〜5時間ほど行ったところにある保護区で出会える可能性が高い。

⑨ スンダランド・ボルネオ島

豊かな森と乏しい食物の島

巨木が立ち並び、数十万種の命が息づくボルネオの森。
1億年の歴史をもつ熱帯雨林は、「生きものたちの進化の舞台」といわれている。
一見豊かな森に見えるが、すべての木々が毎年実を付けるわけではなく、
果実を主食とする動物たちにとっては決して棲みやすい場所とはいえない。
食べ物が乏しいこの森で生き抜くために、動物たちは驚くべき行動を見せ、独自の進化を遂げてきた。

インドネシア、マレーシア、ブルネイの3国が領有する赤道直下の島で、面積は725500km²。日本の本州の3倍、世界で3番目に大きい島。日本から約4500km、直行便で6時間ほど。

巨木の森で生きるために
進化してきた動物たち

樹齢数百年の巨木に覆われたボルネオの森では、
実に30種類近い動物が滑空するという。
立ち並ぶ木々の高さは70m級。
地面からは天辺を見ることができない熱帯雨林で暮らすために、
動物たちは長い年月をかけて樹上生活に適応してきた。

ボルネオオランウータン

スンダランド・ボルネオ島の自然を特徴づける生きものたち

ミュラーテナガザル

ボルネオゾウ

トビトカゲの仲間

ビントロング

テングザル

トビヘビの仲間

マレーヒヨケザル

ヤマツパイ

イチジクコバチの仲間

オオウツボカズラ

ウツボカズラの仲間

巨木と動物たちが共存する森
世界最古の熱帯雨林がつくられた奇跡

ボルネオの森は1億年前から続く世界最古の熱帯雨林の1つと考えられている。
地殻の変動の影響をあまり受けなかったこと、
氷河期に大陸と繋がったこと、
その後孤立して環境が守られたこと……。
さまざまな偶然が重なり誕生した巨木の森。
それはまさに、自然の奇跡の賜物だ。

250万年前

大陸から森へ
オランウータンなどがボルネオへ

およそ2500万年前、アフリカ大陸に大型類人猿の祖先が現れた。そして、アフリカに残ったものはゴリラやチンパンジーとなり、大陸に広がる森を移動してアジアにたどり着いたものはオランウータンとなった。氷河期に海面が下がってアジアと地続きになったボルネオに、オランウータン始め、ゾウ、サイなどが渡り、棲みついたといわれる。

2500万年前

氷河期でも暖かい気候に
豊かな森が保たれる

赤道付近に位置していたため、氷河期の間も温暖な気候が続き、森は維持された。安定した環境下で生きものたちには進化するための膨大な時間が与えられた。

1億年前

1億年間
赤道付近から
動かない島々

地質の調査などから、ボルネオ島周辺は、地殻の変動があったにもかかわらず、1億年前から現在まで、赤道付近からほとんど動いていないということがわかっている。

現在の赤道と地図。

温暖な気候が続き、広大な森が保たれた。

1万年前

島の孤立
島に取り残された動物たち
1万年ほど前、最終氷河期の終わりに海水面が再び上昇すると、陸橋は消滅し、島は孤立した。島に閉じ込められた生きものたちは、巨木の森とともに、独自の進化を遂げながら生きてきた。

氷河期に海面が下がりアジア大陸と繋がり、スンダランドとよばれる地域ができた
氷河期に、巨大な氷床に水が閉じ込められて海面は低下し、ボルネオ島はアジア大陸と繋がった。この地域は、スンダランドとよばれている。そして、大陸から多くの動物が分布を広げていった。ボルネオゾウの祖先も、約30万年前に大陸からやってきたと考えられている。

スンダランドの誕生。

長い時間、森が保たれたことで、木は巨大化した。

高い木の上で暮らす特殊な動物が進化した。

高い木の上で生きる動物たち

ボルネオの熱帯雨林に立ち並ぶ木々の高さは、20階建てのビルに匹敵するという。枝葉に覆われて植物が育ちにくい地面近くとは対照的に、森の頂上付近には遮るものがなく、太陽の恵みを受けたイチジクがたくさんの実を付けている。貴重な森の恵みであるイチジクを求めて、生きものたちが集まってくる。

食べ物が豊富とはいえない森

大きな木がそびえ、一見すると豊かそうに思えるボルネオの熱帯雨林。しかし、イチジク以外の果物は数年に一度しか実を付けないという。その原因は土壌にある。高温多湿な環境では落ち葉はすぐに分解され、激しい雨によって養分は川に流されてしまう。その結果、土地の栄養が足りず、木は毎年実を付けることができない。しかし、イチジクは特殊な花の構造や受粉方法によって、1年中実を付けることができる。いろいろな生きものたちがイチジクの木に集まるようすは、まるで「森の食堂」のようだ。

イチジクの特殊な受粉方法
イチジクコバチの仲間

体長1mmのハチの仲間。メスはイチジクの実の中で羽化し成虫になると、実から飛び立っていく。そして、新しいイチジクを見つけると、実の中で咲く花に産卵する。このとき、産まれた実からもってきた花粉をめしべに付けることで受粉が成立する。イチジクコバチがいなければイチジクは実を付けない。小さな生きものと植物の特殊な関係が、大きな森の命の連鎖を支えているのだ。

ビントロング

ジャコウネコの仲間で、枝に巻きつけることができる長い尾が特徴だ。1年中、イチジクを求め、木の上を移動して暮らす。

オランウータン

オスの体重が80kgにもなるオランウータンは、世界最大の樹上生物。ボルネオ島とスマトラ島にのみ生息する。必要な食料のすべてを木の上で手に入れる。木の上で生活する彼らにとって、イチジクはごちそうでもある。

ミュラーテナガザル

長い腕を大きく振る「枝渡り」という特殊な動きで、木々を渡り歩く。広い範囲を移動しながら食べ物を探し、高い木の上で暮らす。

マレーヒヨケザル
サルという名が付いているがサルの仲間ではなく、ほかに似た種がいない珍しいほ乳類。手と足の間の皮膚が伸びて膜になり、それを広げ100m以上も飛ぶことができるという。世界で最も長く滑空する生きもの。

木から木へ滑空する動物たち

ボルネオ島では実に30種類近い生きものたちが滑空する。滑空とは、翼などを広げたまま、グライダーのように飛ぶこと。巨木がそびえ立つボルネオ島では、隣の木に移動するにも多くのエネルギーを要する。そのため、この森に生きる生きものたちは、滑空するように進化した。滑空が効率よく移動するための方法だからだ。

トビトカゲの仲間
好物のアリを求めて木から木へ移動して生活している体長10cmほどのトカゲ。移動方法は、体から飛び出す翼を利用し滑空する。この翼は、肋骨が皮膜で繋がったもの。自由自在に出し入れすることができる。

トビヘビの仲間
ボルネオ島ではヘビまでもが飛ぶようになった。肋骨を広げて表面積を増やし、翼のように平たくなった体で、20mも飛ぶことができるという。

アジアに棲む唯一の大型類人猿
昼夜問わず木の上で過ごすオランウータン

氷河期を生き延びた、アジア唯一の大型類人猿オランウータン。
長い腕、大きく開く足と、樹上の生活に合わせて体は特殊な進化を遂げた。
厳しい環境で生き抜くために、さまざまな工夫を凝らすのは、世界最大の樹上生物も例外ではない。

植物を食べる
オランウータンはほぼ完全な植物食。木の葉や木の実など、樹上で手に入るものだけを食べる。

フランジ
頬に大きく張り出した突起はフランジという。強いオスだけに発達するもの。フランジをもつオス同士が出会うと必ず激しい争いになる。

腕は長い
樹上生活に適応するため、体は特殊なつくりになった。離れた枝をつかむため、腕は極端に長く、足の長さの倍もある。

足は大きく開く
骨盤と大腿骨を繋ぐ腱がないため、足は驚くほど大きく開く。枝をつかむのには向いているが、2本の足で体重を支えることは難しい。

群れはつくらない
群れをつくらず、単独で生活する。これは、仲間と分け合えるだけの食料がない森に棲むためだ。

重い体重をいかして移動
オスの体重は実に80kg。樹上性動物としては、世界最大。オランウータンは、重い体重を利用して、木をしならせて移動する。

念入りな子育て

子どもが独り立ちするまでの期間は平均7年と、大型類人猿のなかで最も長い。果物が少ないこの森では数百種類の植物を食べ分ける必要があり、子どもは母親が食べるものを横で見ながら生きる術を学んでいく。7年という歳月をかけて、母親は森の中で生きる知恵を我が子に伝えていくのだ。

木の皮を食べる

ときには、木の皮を剥いで食べることもある。果物の少ない森で生きていくためには背に腹は代えられない。

数少ないごちそう

ようやく見つけた木の実も決しておいしいものではないという。また、1年中実を付けるイチジクがあっても、遠くまで食べに行くことはない。彼らが1日に移動するのはせいぜい500m。体が大きいため移動には膨大なエネルギーを消費してしまうからだ。

ドリアンを食べる

数年に一度だけ実を付けるドリアンは、オランウータンの大好物。堅い殻も、力が強いオランウータンならこじ開けられる。栄養豊富な甘いドリアンを食べて脂肪を蓄える。そしてまた数年後にドリアンが実るのを、数少ない木の実やイチジクを食べて耐える。

大陸を越えて進化したオランウータンの奇跡

アフリカからアジアに渡ってきた大型類人猿の祖先は、
厳しい氷河期や人類の脅威をくぐり抜け、
オランウータンへと進化し、ボルネオ島とスマトラ島で生き延びた。
現在、大陸から姿を消してしまったオランウータンが島で生き延びてこられたのは、
1億年前から続く、類いまれなジャングルのおかげなのかもしれない。

オランウータンの祖先はアフリカ

大型類人猿の祖先はおよそ2500万年前にアフリカ大陸に出現。アフリカに残ったものはゴリラやチンパンジーとなり、一方、森を通って、アジアにたどり着いたものがオランウータンとなった。

シバピテクスの出現

化石などから、アジアには少なくとも5種類の大型類人猿がいたことが判明している。そのなかでオランウータンの祖先と考えられているのはシバピテクス。オランウータンと同じように森に棲み、果物を食べていた。シバピテクスは、ときには地上にも降りて生活していたと推定される。

シバピテクス（CGによるイメージ再現）

捕食者から逃れるために樹上へ

地上でも生活していたといわれるシバピテクスは、サーベルタイガーなどの捕食者から逃れるため、生活の場を樹上へと特化していったと考えられる。それが、現在のオランウータンなのだ。

サーベルタイガー（CGによるイメージ再現）

ボルネオ島とスマトラ島に残された

オランウータンは、ボルネオ島とスマトラ島で現在まで生き延びてきた。そこは氷河期の影響を免れた赤道付近の森。そして人類に追われ、たどり着いた森。

新たな敵「人類」の出現

ボルネオ島の洞窟で発掘された4万年前の人類の生活跡からは、大量の野生動物の骨が見つかっている。その中には、オランウータンの骨も含まれていた。動きの遅いオランウータンが、人類の格好の獲物となり数を減らした証拠だ。（サラワク博物館、李博士）

氷河期で森が縮小

生きものたちの住みかである森の環境には劇的な変化が生じた。過去、何度も地球を襲った氷河期の影響で森は縮小、大陸の大型類人猿は次々と絶滅した。オランウータンだけが、赤道付近に残された森で生き延びることができた。

川沿いに生息する生きものたち
子どもとともに生き抜く本能の奇跡

巨木に覆われた森の中で、地面にも十分に陽が当たる貴重な場所がある。それは、川沿いだ。
そんな川沿いには、食べ物を求めて群れで森を移動する動物たちの姿が見られる。

テングザル

常に食料を求め移動する

奇妙な鼻で知られるテングザルはボルネオ島にしかいない固有のサル。1匹のオスが複数のメスと子どもの群れを率いて暮らす。川沿いの森に芽吹く若葉が好物の彼らは、新鮮な葉を求めて常に移動しながら暮らしている。彼らの行く手を阻むのは「川」。高さ20mの木から次々に川に飛び込んでいく。

泳げない子ザルと親のダイブ

川におびえる子ザル
指の間にミズカキがあるテングザルは泳ぎもお手のもの。次々に川に飛び込んでいったが、子ザルが1匹取り残された。

親が子ザルを抱える
子ザルの鳴き声を聞きつけ、一度は対岸に渡った親が戻ってきた。親にしがみつく子ザル。

子ザルを抱えたままでダイブ
親ザルは子ザルを抱えたまま川にダイブ。川に飛び込む驚きの行動は、テングザルが身に付けた生き残りの知恵。

ボルネオゾウ

食べ物を求めて新たな場所へ

約30万年前に大陸からやってきて、その後独自に進化を続けたのがボルネオゾウ。大陸に棲むものに比べると体は小さいが、1日に100kg以上の食べ物を必要とする大食漢。川岸に生える好物の柔らかい草も、群れで食べるとすぐになくなってしまう。新たな食料を求めて常に移動しなければならない。対岸に移動するときは、幅100m近い川を群れでいっせいに泳いでいく。

懸命に泳いで対岸を目指す子ゾウ

親に押される
子ゾウが川に入るのをためらっていると、親が川に落としていく。必死に親にすがりつく子ゾウを横目に、群れはいっせいに対岸を目指す。

子ゾウを取り囲む母親たち
今にも溺れそうな生後ひと月ほどの子ゾウ。沈む体を家族に支えられ、懸命に泳いでいる。

家族の助けで岸に
段差があって、なかなか岸に上がれない子ゾウ。家族が鼻や足を使って押し上げてくれた。子ゾウにとって、対岸にたどり着くのは命がけだ。

生きるために驚くべき進化を遂げた動物たち

食虫植物と小型ほ乳類の共存関係や世代を重ねるうちに体が小型化した大型動物―。
閉ざされた島という環境、栄養の乏しい大地で、動物たちはそれぞれが進化を遂げ、生き残りの道を見つけてきた。

生きるために互いに共存関係にあるオオウツボカズラとツパイ

ウツボカズラは甘い蜜で虫を誘い、壺のような捕虫器で消化してしまう恐ろしい植物。世界最大のオオウツボカズラは小型のほ乳類ツパイを誘う。しかし、養分にするのはツパイではなく、そのフンやおしっこ。栄養の乏しい大地で植物と動物が互いに助け合っている興味深い例といえる。

ヤマツパイ
リスのような容姿で、ボルネオ島にしか棲んでいない珍しいほ乳類。オオウツボカズラの捕虫器の蓋から染み出る甘い蜜をなめにきて、その最中にオオウツボカズラの捕虫器にフンやおしっこをする。

オオウツボカズラ
ボルネオ島キナバル山中腹に生える世界最大のウツボカズラ。捕虫器の大きさは40cmにもなる。消化液で満たされている捕虫器はヤマツパイのフンやおしっこなど、中に入ったものを養分として吸収する。

小型になって生き延びたスマトラサイ

スマトラサイは世界最小のサイ。アフリカに生息するシロサイの3分の1の体重しかない。これは、島嶼化（とうしょか）という現象で、島に閉じ込められた大型動物が世代を重ねて小型化することをいう。その利点は、生存や繁殖に要する食料などの資源が少なくて済むことにある。

木を登ってハチミツをなめるマレーグマ

世界最小のクマ、マレーグマ。体重は最大でも65kgほどで、大型犬ほどしかない。地面には栄養豊富な食料が乏しいため、木に登り食べ物をとる。小型で身のこなしが軽く、鋭い爪で、細い木を難なく登って、果物、ハチミツなどを食べている。

開発される熱帯雨林

食用油などに世界中で使用されているパーム油。そのパーム油を採るためにボルネオ島で大量に栽培されているアブラヤシ。栽培量は増え続けるばかりだが、自然や生きものたちに影響はないのだろうか。

アブラヤシの栽培面積は10倍以上に増加

原生林に行く途中で必ず目にする植物「アブラヤシ」。その名の通り多くの油を含んでいる。パーム油とよばれる油を採るため、大量に栽培されている。食用油やマーガリンの原料などに広く使われ、世界で最も多く使用されている植物油だ。番組が取材した国立公園内では、自然のままの熱帯雨林が守られているものの、公園を出るとアブラヤシの畑が地平線の彼方まで続いている。アブラヤシの栽培面積はこの30年で10倍以上に増加。森林火災などもあり、森は急速に失われている。

アブラヤシの木から採取した果房。1つの果房からたくさんの実がとれる。

パーム油工場の周りにはアブラヤシ畑がどこまでも続く。

失われる森と、追いやられるオランウータンたち

森の減少で、さまざまな野生動物の生存が脅かされている。その代表がオランウータンだ。開発現場で母親が殺され、保護される子どもが後を絶たない。本来オランウータンの子どもは、7年かけて森で生きる術を母親から受け継ぐ。人間に保護された子どもたちが再び自然に帰り、生きていくのは難しいだろう。価格が安く、食べ物の風味を損なわないパーム油の需要は増え続け、その陰で1億年の時間をかけ進化を遂げてきた生きものたちが追いつめられているのが現状だ。

母親を失い施設に保護されたオランウータンの子ども。

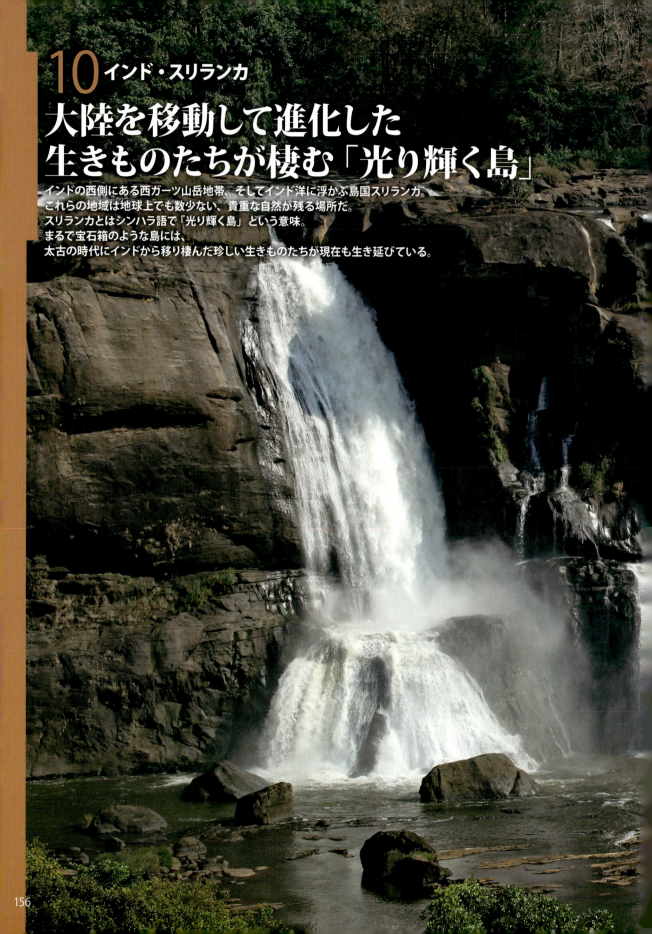

10 インド・スリランカ
大陸を移動して進化した生きものたちが棲む「光り輝く島」

インドの西側にある西ガーツ山岳地帯、そしてインド洋に浮かぶ島国スリランカ。
これらの地域は地球上でも数少ない、貴重な自然が残る場所だ。
スリランカとはシンハラ語で「光り輝く島」という意味。
まるで宝石箱のような島には、
太古の時代にインドから移り棲んだ珍しい生きものたちが現在も生き延びている。

西ガーツ山脈やスリランカに降る大量の雨が豊かな森をつくり出している。氷河期の影響をほとんど受けなかったことから、太古の自然が変わることなく保たれている。日本からスリランカの距離は約6700km。

古い時代から保たれてきた森で
独自の進化を遂げてきた生きものたち

豊かな自然が残る森。
太古の面影を残すこの森は生きものたちの楽園となってきた。
海で隔てられているにもかかわらずインドとスリランカには、
独自の進化を遂げた共通の貴重な生きものたちが生息している。

アジアゾウ

インド・スリランカの自然を特徴づける代表的な生きものたち

インドヒョウ

オオサイチョウ

ナマケグマ

シシオザル

ベンガルトラ

インドハナガエル

ホソロリス

インドオオリス

インドオオコウモリ

ボンネットモンキー

ブタオザル

インドライオン

地殻変動によって誕生した豊かな森
西ガーツ山岳地帯の奇跡

インドの西側にそびえる西ガーツ山脈では、年間 5000mm を超える雨が降る。
豊富な水は高温多湿の環境をつくり、原始的な植物が生い茂る独特の自然を生み出した。
その自然は、1000 万年にわたって変わることなく保たれている。

ヒマラヤ山脈の形成
インド亜大陸がユーラシア大陸に衝突した際の圧力によって、ヒマラヤ山脈が徐々に形成されていった。

5000 万年前

ユーラシア大陸に衝突
5000 万年前から 4000 万年前の間に、インド亜大陸がユーラシア大陸に衝突。

ゴンドワナ大陸から分裂
1億 3000 万年前頃までに、マダガスカルとインドの塊が分裂し、8000 万年前頃、そこからインド亜大陸が離れ、徐々に北へと移動する。

1億 5000 万年前

インド亜大陸

ゴンドワナ大陸が分裂し、その一部だったインド亜大陸が北へ移動した。

1000万年前

インドの西側で西ガーツ山脈の誕生

インドの西側一帯も地殻変動で隆起、西ガーツ山脈が誕生した。西ガーツ山脈とヒマラヤ山脈、この2つの山脈がインドの環境を大きく変化させた。

夏

モンスーンの誕生

夏、大地が暖められると2つの山脈により逃げ場を失った空気が強力な上昇気流を発生させる。すると、それを補うようにインド洋から湿った空気が流れ込み、現在、モンスーンとして知られる季節風が誕生した。およそ、1000万年前の出来事と考えられている。

西ガーツに大量の雨

モンスーンにより、湿った風が山にぶつかることで、西ガーツ山脈からスリランカでは、大量の雨が降るようになった。

豊かな森が形成され、保持された

西ガーツ山脈からスリランカにかけて降る大量の雨は、南北2,000kmにわたって連なる「豊かな森」をつくり出した。温暖な地にあったため、氷河期の影響もほとんど受けず太古の自然が保たれた。

太古の面影を残す謎めいた生きもの
900万年前の姿をとどめるホソロリス

氷河期の影響を受けず保たれてきた「インド・スリランカ」の自然は、
太古の姿を今にとどめた生きものを守り続けてきた。その代表がホソロリスだ。

原始的なサルの仲間　ホソロリス

夜の森で音も立てずに移動するホソロリス。900万年前の姿を今にとどめる原始的なサルの仲間で、体重はおよそ300g、リスほどの大きさだ。夜行性で単独行動、主食は昆虫と、ほ乳類の祖先の特徴をそのままもち続ける。

逆立ちも！
枝をしっかりつかみ、自由自在に動きまわる。

暗闇の中でも見える目
網膜の後ろに光を反射する層があり、光が増幅される。その結果、かすかな光でも網膜が感じ取り、暗がりでものが見える。

センサーで音もなく移動する
音もたてずに移動できるのは、触毛とよばれる長く飛び出たセンサーがあるため。根元に神経が集中し、毛先がなにかに触れると、ホソロリスは動きを止める。

毒があっても大丈夫!?
主食にしている昆虫の70%が毒をもっているという。それを平気で食べられるのは、代謝が遅く、毒は吸収される前に排出されるためと考えられている。

たくましく生き続けるアジアゾウ
人とアジアゾウの共存への道

西ガーツ山脈からスリランカにかけては野生のアジアゾウの貴重な生息地。
なかでもスリランカは世界でも指折りのアジアゾウの楽園。
北海道より小さな島国に、実に 5000 頭が暮らしている。
スリランカの人々は、仏教が伝来した 2000 年以上も前からゾウを敬い、ともに生きてきた。

アジアゾウが暮らす西ガーツ山脈

広いインドの中でも野生のアジアゾウが暮らしていける場所は限られている。豊かな森が広がる西ガーツ山脈は、太古からの生きものが暮らす場所。アジアゾウだけでなくトラのような大型動物たちの避難場所でもある。

メスがリーダー

アジアゾウの群れは、メスのリーダーを中心とした家族で構成されている。オスの子どもは、6 歳を過ぎると単独で暮らすようになる。

アジアゾウはマンモスの親戚

アジアゾウの起源は古く、アフリカゾウと共通の祖先から別れた、およそ 800 万年前に遡る。絶滅したマンモスや ナウマンゾウと近縁だが、アジアゾウだけが生き延びた。

オスはメスの 2 倍の重さ

オスの体重は 5t あまり。メスの倍の重さがある。メスをリーダーとして暮らすゾウだが、実際にはメスの方がかなり小さい。

食物倉庫から米を食べるゾウ

スリランカは国民の大半を仏教徒が占める国で、古くから人々がゾウを神聖化して敬ってきた歴史がある。ところが近年その関係に、微妙な変化が生じている。人口の増加で人間が生活場所を広げたことで、住みかが狭まったゾウが村に食べ物を求めて出没するトラブルが後を絶たない。ゾウは鋭い嗅覚で食物倉庫を嗅ぎ当てると、壁を壊して中にある米を引き出し食べてしまう。

人はゾウに対して怒っていない

貴重な食料をゾウに食べられてしまっても、村人はゾウに対して怒りをあらわにすることはない。彼らは神聖なゾウに危害を加えることなく、花火を打ち上げたり、大声をあげたりして、何とかゾウを傷つけずに追い払おうとする。
ゾウが村を襲うという厳しい現実があっても、人々がゾウを大切にする心は失われていないのだ。

親とはぐれた子ゾウの保護施設

村から追い払われる過程で、親とはぐれてしまった子ゾウを保護する施設がある。スリランカ全土から毎年10頭ほどが保護され、常時40頭あまりの子ゾウが暮らしている。施設の目的は、ゾウを野生へ戻すことにある。極力人間と接することがないようにゾウ同士で生活させ、保護された子ゾウが5歳になると保護区に戻している。

2度の環境変動によって移動した生きものたち

スリランカとインドは海で隔てられているにもかかわらず、共通の生きものが暮らしている。生きものたちはどのように移動したのだろうか。

インド内陸の乾燥から避難した動物

モンスーンがもたらす湿気を含んだ空気は、西ガーツ山脈に大量の雨を降らせるが、山の東側には湿気を失った風が吹く。そのために内陸は乾燥し、森が徐々に消えていった。そして住みかをなくした生きものたちが、避難するように豊かな森がある西ガーツ山脈に集まったと考えられている。

インド洋から吹くモンスーンがもたらす湿気を含む空気が山の西側で大量の雨を降らせる。一方、湿気を失った風が吹く山の東側にある内陸では乾燥化が進み、森は消えていった。

インド北部の森で誕生したと考えられているナマケグマは、西ガーツ山脈に移動した生きものたちの1つ。

動物たちは、乾燥化による森の減少で住みかを失い、豊かな森がある西ガーツ山脈に集まった。

氷河期の陸橋でスリランカへ渡った動物たち

現在、スリランカに生息しているアジアゾウやホソロリスは、元々海を隔てた大陸の生きものだった。氷河期にできた陸橋を渡ってスリランカへ移動してきたと考えられている。

スリランカとインドの海峡

スリランカとインドを分ける海峡は狭く、幅は60kmほど。その間に見られる途中で切れた細い道のようなものは、かつて大陸と島を繋ぐ陸橋だった。

内陸の乾燥化を逃れてきた動物たち

インド内陸の乾燥化を逃れて、ナマケグマ以外にもいろいろな動物が西ガーツ山脈の西側にやってきた。絶滅が心配されるトラもその1つだ。インドに生息するトラの10％がここで暮らしている。また、野生のアジアゾウにとっても貴重な生息地。西ガーツ山脈は、このように大型動物たちの避難所となったのだ。

氷河期の海面低下で陸橋に
氷河期に海面が低下すると大陸とスリランカを結ぶ陸橋が現れた。この陸橋を渡り大陸に生息する生きものたちが移動した。

海面上昇
氷河期が終わると、海面は再び上昇し陸橋は消滅。

孤立したスリランカ
スリランカは大陸から切り離され今の島の形になった。西ガーツ山脈から続く緑の回廊の終着地は、このようにして貴重な動物が暮らす箱舟となった。

独特の子育てをする動物たち

太古の姿をとどめる森。そこに暮らす住人のなかにはひときわ異彩を放つ生きものがいる。
彼らは独特な方法で子育てをし、命を脈々と育んできた。

オオサイチョウ

翼を広げると1.5m。巨大な鳥・オオサイチョウだ。大きなクチバシには角のような突起があり、まるで恐竜のような出で立ち。この突起にどんな役割があるのかはわかっていないが、長くて大きなクチバシを支えるためにあるという説もある。「サイチョウ」の名の由来は、この突起が動物のサイを連想させることからきている。サイチョウは「穴にこもる」独特の子育てを行うため、ヒナが巣立つ率は80％と高い。

穴にこもる独特な子育て

メスは巣穴にこもる
メスは卵を産む前に、大木に開いた穴であるウロに入り、自分のフンで入り口を狭める。そして中にこもって子育てする。

オスが食べ物を運ぶ
オスは食べ物を運んできて、わずかに開いた隙間からメスへと渡す。そしてメスがヒナに食べ物を与える。穴にこもるのは、捕食者から身を守るため。メスは子育ての2ヶ月間、食べ物をずっとオスに運んできてもらう。

巣立っても親から食べ物をもらう
巣立った後もしばらくは、ヒナは親から食べ物をもらう。ヒナのくちばしには、特徴的な突起はまだない。突起になるには約5年の歳月が必要だ。

穴から食べ残しやフンを捨てる
食事が済むと、巣の中の食べ残しやフンをきれいにする。

ナマケグマ

インド北部の森で進化したと考えられているナマケグマ。大人のオスは体長2m、体重は150kgにもなる。大きな体を維持させるための主食は、小さなシロアリ。ほかのクマとはかなり異なる習性をもつ。

子グマを背負って子育てをする唯一のクマ

ナマケグマは一度に2頭の子どもを産む。母グマは生後半年ほど、子グマを背中に乗せて移動する。母グマの長い毛は子どもがつかまるのに都合がよく、背負った子グマを外敵の目からカムフラージュする意味もある。また、母親の背中は子どもたちの遊び場にもなる。

細長い鼻

食べ物もまた変わっている。シロアリの塚を壊し、細長い鼻先を穴に入れ、掃除機のように大きな音をたてながらシロアリを吸い込んで食べる。吸い込みやすいよう、前歯は子グマのときに抜け落ちてしまうという。

名前の由来

初めて標本を見たヨーロッパの人々が、長くゴワゴワした毛と長いかぎ爪をもつことから「ナマケモノ」と勘違い。そのため、ナマケグマと名付けられた。

天敵が来たら親の元へ

ようやく歩けるようになったばかりの子グマは、足取りもおぼつかない。天敵が近付くと、母親の元へ戻る。背中に乗ってしまえばひと安心。天敵ヒョウも、大きな親に手出しはできない。

便利で長いかぎ爪

長いかぎ爪は木登りをするナマケグマにとってなくてはならないものだ。長い爪はアリ塚を壊すことにも役立つ。

西ガーツ山脈に生きる珍しい動物たち

数々の環境変動をくぐり抜けてきた、現代のロストワールドともいうべき西ガーツ山脈。
その不思議な世界には、個性的な生きものたちが暮らしている。

ジャックフルーツをめぐって争うシシオザルとインドオオリス

世界最大の果物ジャックフルーツをめぐって、争いをくり広げるシシオザルとインドオオリス。シシオザルは世界でもここにしか生息していない固有のサルで、ふさふさしたタテガミと、ライオンのような尻尾が印象的だ。対するインドオオリスは、頭から尻尾の先まで1mを超える世界最大のリス。3kgになるものもいる。大好物の熟した甘い果実を手に入れるべく、生きものたちは攻防をくり広げる。

大きなものは50kgにもなるジャックフルーツをめぐって動物たちが争う。

一生のほとんどを土の中で暮らすインドハナガエル

豊かな水に恵まれた西ガーツ山脈には、およそ140種類のカエルが生息している。なかでもこの地にしかいない珍しい種がインドハナガエル。1億3000万年前の恐竜時代からの生き残りだ。

一生のほとんどを土の中で過ごし、地上に出るのは年に2週間だけという。それは恋の季節。オスは独特な鳴き声でメスを誘い、子孫を残すために必死でメスにしがみつく。産卵が終わると元の住みかへと戻り、また1年間の地下生活を始める。

1年に2週間しか地上に出てこないインドハナガエル。

HOT TIME

人とアジアゾウの深い繋がりを示す
エサラ・ペラヘラ祭り

8月に開かれる、スリランカ最大の行事「エサラ・ペラヘラ祭り」。主役は電飾や布で着飾ったゾウ。大きな牙をもつオスの背中に仏陀の歯を入れた容器を乗せて、音楽隊やダンサーとともに街の中を練り歩く。祭りに集まったゾウは60頭あまり。ゾウと人、そして神への祈りが渾然一体となり溶け合っていく。それは仏教伝来とともに2000年以上続いてきた人とゾウとの深い繋がりを象徴する光景だ。

ゾウに会える！
ミンネリア国立公園

スリランカの北部と中央部の間にあるミンネリア国立公園は、島のなかでも特にゾウが多いことで知られている。公園内の池の周りには、ノンビリと草を食べるゾウの姿が見られ、多いときには300頭にもなる。親戚関係にあるナウマンゾウやマンモスは、およそ1万年前に絶滅してしまったが、アジアゾウはこの地でたくましく生き続けている。彼らは長い旅路の果てに安住の地へとたどり着いた、冒険者たちの子孫なのだ。

11 東アフリカ・古代湖
魚たちが大進化を遂げた古代湖

アフリカ大陸の東側には、6000kmにわたって南北に縦断する大地の裂け目がある。
大地溝帯とよばれるこの場所で、100万年以上もの時間をかけ、3つの大きな湖が形成された。
ビクトリア湖、タンガニーカ湖、マラウィ湖だ。
これらの湖では多様な種類の魚が熾烈なドラマをくり広げながら生きている。

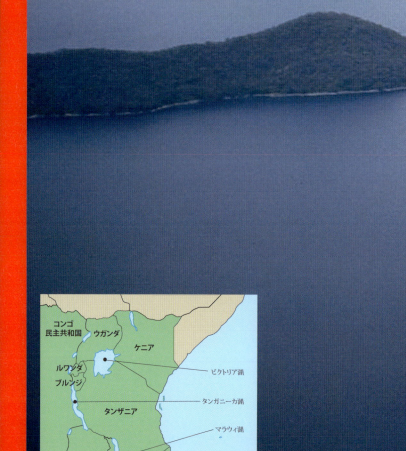

日本からおよそ11000km。太古の昔から水をたたえてきた3つの古代湖では、魚たちがほかでは見ることのできない驚きの進化を遂げてきた。

激しい生存競争を勝ち抜くため
驚異の進化を遂げた魚の世界

古代湖とよばれる湖には、ほかでは見ることのできない驚きの進化を遂げてきた魚たちがいる。
そのなかには熾烈な生存競争を勝ち抜くために、人間に引けをとらない駆け引きをくり広げるものもいるという。

カンパンゴ
マラウィ湖固有種

マラウィ湖に生息している代表的な魚たち

ベネスタス

サプア（現地名）

シクリッドの仲間たち

タンガニーカ湖に生息している代表的な魚たち

カリプテルス

クーヘ（現地名）

ペリソードスの仲間

キプリクロミスの仲間

ホーレイ

フロントーサ

トレトケファルス

不思議な進化を遂げてきた魚たちの謎
大地の裂け目に誕生した湖
想像を絶する生存競争が待っていた

魚たちの驚きの進化はどのようにして起こったのだろうか？
それはアフリカ古代湖の誕生に大きく関係する。
地殻変動によってできた大地溝帯がタンガニーカ湖を形成し、魚がそこへ入り込む。
そこから生存競争の世界が始まる……。

タンガニーカ湖誕生
大地溝帯の裂け目に水が流れ込み、誕生したのが巨大な湖「タンガニーカ湖」。以来、湖は現在に至るまで数百万年もの間、ずっと水をたたえ続けている。通常、湖は周りから流れ込む土砂で、1万年ほどで埋まってしまうが、タンガニーカ湖は今も大地が裂け続けているため、埋まることがない極めて特殊な湖だ。

不思議な進化を遂げる舞台へ
誕生から埋まることない湖で、魚たちが長い時間のなかで不思議な進化を遂げた。湖に棲む「シクリッド」とよばれる魚たちは、すべて卵や稚魚を守る習性をもっている。

1000万年前 ### 大地溝帯の形成が始まる
アフリカ大陸で激しい地殻変動が起こる。地球内部のマントルが上昇し、地殻が東西に裂け始めた。

300万年前　　　　　　　　　　　　　　　　　　　　　　50年前

マラウィ湖誕生

裂け続ける大地溝帯は、新たな深い亀裂を生み出し、そこに水が溜まっていった。新しい大地の裂け目は、マラウィ湖となった。

シクリッドが移動

タンガニーカ湖にいた1種類のシクリッドが川を通じてマラウィ湖に入り込んだ。そのたった1種が800種ものシクリッドへと爆発的な進化を遂げた。

ビクトリア湖にナイルパーチ

タンガニーカ湖の北にあるビクトリア湖は、生息する魚の種類の豊かさから、かつては「ダーウィンの箱庭」ともよばれていた。しかし今、湖ではかつての豊かさを見ることはできない。水は濁り、魚の姿はまばらだ。それは、人間がもち込んだたった一種の魚「ナイルパーチ」の仕業だ。シクリッドたちは見たことのない大型の肉食魚に、なす術も無く捕食され姿を消していった（P.187参照）。

生存競争を勝ち抜くために①
食べ物をめぐる競争によって急速に進化した奇妙な魚たち

アフリカの3つの古代湖には、1800種近くの淡水魚「シクリッド」が生息している。同じ仲間に属しながら、その鮮やかな色彩や模様、形の多様性には、目を見張るばかりだ。

人間顔負けの高度な知恵を駆使する魚たち

色とりどりのシクリッドたち。その大きさや形はさまざまだ。金色に輝くものや、派手なしま模様のもち主もいる。しかし、きれいな見かけとは裏腹に、気性が激しく争いごとが絶えない。死んだふりや待ち伏せをしながら、だまされて近づく獲物をじっと待つ……。古代湖では、熾烈な生存競争がくり広げられている。

死んだふり！　待ち伏せも！
エラの動きまで止めて「死んだふり」をして、だまされて近づいてくる獲物を、じっと待つシクリッド。そのほかにも、砂にもぐって獲物が来るのを待ち構え、ロケットのように飛び出してひと飲みにする「待ち伏せ」型の捕食者もいる。

ウロコ喰い！
獲物に体当たりし、ウロコだけをはがし取り、食べてしまう。ウロコの表面についている粘膜には驚くほど栄養があるという。

なりすまし
エビを食べる別種のシクリッドにそっくりな色や姿になりすますものもいる。砂の中のエビを食べるふりをしながら獲物の小魚に近づき、油断しているところを襲いかかる。

食べ物の種類や食べ方を変えることで共存

湖で最も魚の密度が高いのは、浅瀬の岩場。日当たりのよい岩は藻が育ち、食べ物が豊富。魚にとって絶好の住みかだ。しかし、マラウィ湖ではこうした条件のよい場所は限られる。大地の裂け目にある湖は、岸が急激に落ち込んでいるため日の当たる岩場は岸沿いの狭い範囲にしかない。普通、こうした環境では食べ物をめぐって激しい争いが起こる。ところがここでは、複数の種類のシクリッドが同じ岩で争うことなく藻を食べている。食べ物の種類や食べ方を変えることで、共存共栄を果たしている（アメリカ・メリーランド大学　トム・コーチャー博士）。

  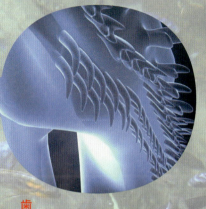

岩をなめる　すき取り型
口を大きく開き、岩をなめるように藻を食べる。

アゴ
アゴが大きく開く。

歯
歯は櫛のような形。この歯で、岩の表面に生えた小さな藻類をすき取る。

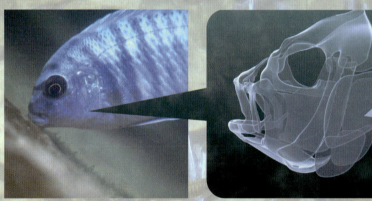 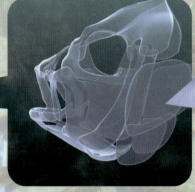 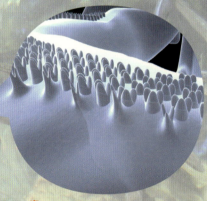

岩をつつく　かじり取り型
表面をつつくように藻を食べるタイプ。

アゴ
アゴはあまり開かない。

歯
歯は藻をかじり取るのに適した形になっている。

刈り取り型
藻を刈り取るように食べるタイプ。シクリッドたちは、種類によって食べ物や食べ方が少しずつ異なっている。「食べ物をめぐる競争でアゴや歯の構造は短時間で変化しました。それが、シクリッドが急速な進化を遂げた理由なのです」と、トム・コーチャー博士は話す。

生存競争を勝ち抜くために②
子孫を残すために「子育て」を進化させたシクリッド

激しい生存競争を生き抜くなかで、最も大切なのが、確実に子孫を残すこと。
そのためにさまざまな子育てが進化していったと考えられている。

3つの湖に1800種　そのすべてが子育てをする

アフリカ古代湖に棲むシクリッドの仲間は、1800種近くもいる。そのすべてが卵や稚魚を守る習性をもっている。子孫の存続を確実なものとするべく、さまざまな繁殖戦略を進化させてきた。なかには、驚くような方法で子孫を残すものも現れた。

フロントーサ
メスは口内で卵を保護する。

クーヘ
体長80cmで湖の最大種。卵はオスとメスのペアで守る。稚魚を口の中に入れて移動する。

カリプテルス
巻貝を集めて塚をつくり、貝の中で子育てする。

キプリクロミスの仲間
メスとオスが数百匹の群れで泳ぎながら産卵し、メスが卵をくわえて保護する。

子育ての進化1　卵を守るシクリッド
岩に産みつけた卵をオス、メスのペアで守り、敵を見つけると追い払う。

卵を守るシクリッド。

敵が近づくと追い払う。

子育ての進化 ❷ 貝を使って繁殖する「カリプテルス」

カリプテルスは、小さなメスが貝の中で産卵と子育てを行う。貝殻はすべてオスが集め、メスが慎重に一つ一つ、状態をチェック。貝の中で世話をする子育ての仕方は、外敵から稚魚を守るための方法といえる。

メスは慎重

貝をチェック!
メスは貝の中で産卵し、稚魚が独り立ちするまで子育てする。だからこそ貝を入念にチェックする。

この貝の中では…

オスが集めた貝

貝の中では…
子育て中、メスは貝から出ずに飲まず食わずで子どもを守る。

オスも必死!

メスの好みそうな貝を集める
メスの好みに合う貝殻を集めようとオスも必死。

貝の盗み合いは日常茶飯事
ほかの巣から貝を失敬するオスもいる。仁義なき闘いの始まりだ。

追い払う!
盗んできた貝にメスがいると、オスは砂をかけ始める。息苦しくなったメスが貝から出てくると、攻撃して追い払う。貝から出てきた稚魚もあっという間に襲われる。そうして今度は空になった貝殻に新しいメスを迎え入れる。一度産卵に使われた貝は、次もメスが使う確率が高いという。それを知っていて、メスもろとも、貝を略奪する。確実に自分の子孫を残そうとするおそるべき知恵だ。

さらに高度な子育てに進化！
口内保育で子孫を残す

多くの魚が密集する湖で、外敵から卵や稚魚を守るのは並大抵ではない。
湖では、口が大きく膨らんでいるシクリッドをよく見かける。
実は、口の中は卵や稚魚でいっぱい。口の中で守り育てる「口内保育」が進化したのだ。

子育ての進化 3 稚魚を口の中に入れて移動する「クーヘ」

稚魚を口の中に入れ、違う場所へと移動するクーヘ。
自由に泳げない稚魚を、敵の多い岩場から遠ざけていく。

さらに進化！

クーヘ 体長80cm、湖最大のシクリッド。普段は沖で暮らしているが、繁殖のときだけ岸辺にやってきて、献身的に子育てをする。

クーヘの子育て

産卵
岸辺にやってきて、岩などに卵を産みつける。卵の数はおよそ2万個。

ペアで守る
岩の上に産みつけられた卵を、オスとメスがペアで守る。

ふ化
大きさはわずか5mm。まだ泳ぐことはできない。

稚魚をペアで守る
巨大なクーヘの稚魚を狙う小さなシクリッドたち。クーヘの親は素早い捕食者から、必死で稚魚を守る。

襲われる
クーヘの死角からほかの魚が卵や稚魚を狙う。同じ場所にいる限り、敵は連日のごとく襲ってくる。
敵！

口の中に入れて移動
稚魚を口に入れ、違う場所に移動する。少しずつ、敵が多い岩場から離れていく。

稚魚泳ぎ出す
しばらくして稚魚が泳ぎ始めるとペアで守りながら沖へと向かう。

子育ての進化 4 口の中で稚魚を育てる「ペリソードス」

さらに高度な子育ての方法も進化した。「ペリソードス」は、産んだ卵を口にくわえ、ふ化して独り立ちするまで口の中で育てる。

ペリソードス
卵を産みオスがすかさず精子をかけると、メスは卵を口の中に入れて守る。一週間後、口の中でふ化した稚魚は、食べ物を食べるために吐き出される。しかし、外敵が近づいてくると一目散に親の口の中へと戻る。口の中で子育てをする方法は外敵がウヨウヨしている環境では実に安全な手段だ。

ペリソードスの子育て

求愛
オスが求愛ダンスをしてメスに産卵を促す。

産卵する
メスが卵を産むとオスがすかさず精子をかける。

口の中で子育て
卵は、安全な親の口の中で守られ、ふ化すると食べ物を食べるために外に出る。

外敵を追い払う
稚魚を狙って外敵が近づくと親が追い払う。

口の中へ
さらに外敵が近づくと、一目散に親の口の中へと逃げ込む。

口内保育するマラウィ湖のシクリッド

現在、マラウィ湖に棲む、およそ800種のシクリッドはすべて「口内保育」をしている。これはマラウィ湖のシクリッドの祖先が、タンガニーカ湖に起源をもつ1種類の「口内保育」をするシクリッドだったことに由来する。（アメリカ・メリーランド大学　トム・コーチャー博士）

マラウィ湖で特異な進化を遂げたナマズ
稚魚を守るためのさまざまな進化

数百万年の長い歴史をもつアフリカの古代湖。それは人間の想像を超えた多様な魚たちを生み出してきた。
そして、ここにもう1つ、シクリッドと並んで驚くべき行動を見せる魚がいる。ナマズだ。

闘い、身を削りながら子育てするカンパンゴ

体長1mにも及ぶ巨大ナマズ「カンパンゴ」。銀色に輝く体をもち、一見サメのようにも見えるカンパンゴは子育てをする珍しいナマズだ。昼間はシクリッドから稚魚を守り、夜になるとメスは自分の卵を稚魚に与える。この生存競争の激しい湖では、ナマズでも稚魚を守るように進化したのだ。

稚魚を守るカンパンゴ
カンパンゴは子育てをする珍しいナマズだ。すり鉢上に掘られた穴の中心に陣取り、ペアでその下にいる稚魚たちを守っている。

カンパンゴの子育て

🌙 **シクリッドを食べる！**
夜、湖底では、シクリッドたちが眠りにつき、無防備に漂っている。カンパンゴはヒゲに触れた魚を次々と飲み込んでいく。

夜明けとともに逆転

☀ **シクリッドに狙われる！？カンパンゴ**
夜明けとともに世界が逆転する。獲物として夜に襲っていたシクリッドから、今度は逆に稚魚が狙われるのだ。

狩りをしにいくメス。

🌙 **狩りはメス、巣で稚魚を守るのはオスの役目**
夜、カンパンゴは獲物を探しに出かける。子育ての最中、狩りをするのはメスだけ。オスは巣で稚魚を守る。

巣を守るオス。

🌙 **自分の卵を与える!?**
メスは狩りから戻ってくると、「栄養卵」とよばれる卵を産み、稚魚に与える。この不思議な行動をとるナマズは、世界でもカンパンゴだけだ。

蚊柱を形成するフサカ。

メスが卵を産むと、いっせいに稚魚が群がる。

無数の蚊によって湖の上に蚊柱ができる。

🌧 **ボウフラの大量発生に合わせて子育て**
12月、雨季になると「フサカ」という蚊が大量発生して、湖面に煙のような状態で立ち上る。この時期15cmほどに成長したカンパンゴの稚魚には、蚊の幼虫であるボウフラが食べ物となる。カンパンゴは、このボウフラの発生に合わせて子育てをしている。

ボウフラの発生に合わせて子育てをするカンパンゴ。

不思議な煙の正体は……
マラウィ湖に本格的な雨季が訪れると、湖に煙のようなものが立ち上る。その正体は「フサカ」という蚊。晴れて、風のない日の夜明け前にいっせいに羽化する。そして繁殖のための飛行を行うと、わずか数mmの蚊が、高さ200mもの蚊柱を形成する。空中で相手と出会うと水面におりて産卵し、一生を終える。

知らない間に入れ替わる？
托卵で子孫を残すナマズ

自分の産んだ卵を他の生きものに預ける「托卵」。カッコウなどの鳥類でよく知られるが、魚にも例がある。
タンガニーカ湖とマラウィ湖ではナマズによる「托卵」が発見された。
一体どのような方法で行われるのだろうか？

カンパンゴの巣に托卵する「サプア」

熱心に稚魚を守るカンパンゴ。しかし、ときには別の種類のナマズの稚魚を守っていることがある。「サプア」とよばれるナマズは、カンパンゴの産卵とほぼ同時に自分の卵を巣に紛れ込ませているのだ。そして先にふ化したサプアの稚魚は、カンパンゴの卵や稚魚を食べ尽くしてしまう。カンパンゴはそうとは知らずに、サプアの稚魚をわが子同様に育てていく。他人をだまして、自分の稚魚を育てさせる、驚くべき行動だ（総合地球環境学研究所　佐藤哲教授）。

カンパンゴ
カンパンゴの親は、巣の警護にあたる。

サプア
先にふ化した稚魚がカンパンゴの卵や稚魚を食べ尽くす。

カンパンゴに守られるサプアの稚魚

シクリッドの口の中に托卵するナマズ

ほかの魚の口の中に托卵する小さなナマズもいる。シクリッドが卵を口の中に入れる瞬間に、自分の卵を巧みに紛れ込ませる。ナマズの卵はシクリッドよりも先に成長し、産卵から2日後にはふ化する。そしてシクリッドの稚魚に襲いかかる。シクリッドの親は、自分の口の中で起きていることに気が付かず、自分の子として守り続ける。
敵から稚魚を守るために高度に進化した口の中の子育てだが、さらにそれを上回る戦略をもった魚を生み出していた。

タンガニーカ湖に生息するホーレイ。口いっぱいに卵をくわえ守っているホーレイの親は、自分の口の中で起きている事態に全く気付いていない。

先にふ化したナマズの稚魚は、シクリッドの稚魚を数時間かけて飲み込んでいく。

口内で守られているはずのホーレイの卵は、ふ化したナマズに食べられる運命。

ナマズの卵。ホーレイの卵よりも先に、ふ化する。

HOT TIME 終わりなき進化の競争

シクリッドとナマズという2つの全く異なる種は、激しい競争環境のなかで、相手を利用する極めて特殊な進化を遂げてきた。数百万年にわたり続いてきた生存競争は、ライバル同士の間で今なお発展途上にある。

恐ろしい捕食者の利用

生き残りをかけた熾烈な競争がくり広げられる魚たちの世界。しかしいつも強い者ばかりが利益を得るわけではない。口いっぱいに稚魚を入れたシクリッドが、天敵カンパンゴが子育てしている巣に近づくと、なんと口から稚魚を吐き出した。カンパンゴのそばなら、ほかの捕食者に襲われないからだ。カンパンゴがお腹の足しにもならない稚魚には見向きもしないのを良いことに、用心棒として利用するのだ。終わり無き進化の生存競争は、恐ろしい捕食者を利用する種まで生み出した。

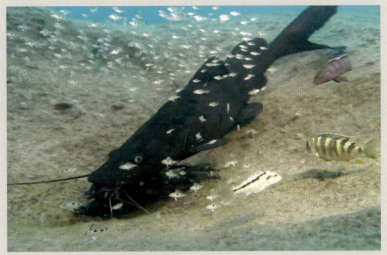

もっともっと進化

敵から身を守る子育てをどんなに進化させても、さらにその裏をかいて利用する種が現れる。「タンガニーカ湖やマラウィ湖はまさに今、生態系のダイナミックな進化の様子を私たちがわかりやすい形で見ることができる。こんなすばらしい場所は、世界中ほかにないと思います」と佐藤哲教授は話す。数百万年の歴史をもつという古代湖では今も、想像を超えた進化のドラマが続いている。

ビクトリア湖で絶滅が進むシクリッド

タンガニーカ湖の北にあるビクトリア湖は、かつて生息する魚の種類の多さから「ダーウィンの箱庭」ともよばれていた。しかし、今急速に絶滅が進んでいる。それは人間がもち込んだ大型の肉食魚、ナイルパーチの仕業だ。50年前、漁業で生計を立てるビクトリア湖周辺の住民が、繁殖力が強く、大型に成長するナイルパーチを移入。天敵のいない湖で爆発的に増え、漁獲量は飛躍的に上昇した。しかしこれによって、この50年の間に数百種のシクリッドが絶滅したと考える研究者もいる。ビクトリア湖で見ることができたであろう、別の命の物語は永久に失われてしまったといえる。

12 日本
偶然が生み出した奇跡の島

野生のヤマネコが暮らす亜熱帯の島、熱帯起源のサルが暮らす雪山……。
地球の陸地のわずか400分の1という狭い面積しかない日本。
この日本にも、独自の進化を遂げた生きものたちが棲んでいる。

アジア大陸の東に位置する日本は7000近い島々からなる列島だ。そこには多様な自然が広がり、ほかでは見ることのできない生きものたちが暮らしている。国土のおよそ7割を覆う豊かな森林が、多くの命を育んできた。

豊かさと厳しさのなかで
生き残るために進化した動物たち

温泉につかるサル、木の上で産卵するカエル、世界最大の両生類であるオオサンショウウオ……。
日本には深い雪に覆われた峰々から亜熱帯の森などを有する、世界でも類のない独特な環境がある。
そこで生きるための能力が、驚異の進化を導いた。

日本の自然を特徴づける代表的な生きものたち

© 株式会社アニカプロダクション
イリオモテヤマネコ

イシカワガエル

タガメ

ライチョウ

イワサキセダカヘビ

オオサンショウウオ

ツキノワグマ

ニホンカモシカ

ナガレタゴガエル

トノサマガエル

カジカガエル

モリアオガエル

ニホンザル

地球の乾燥地帯に位置する日本
豊かな森をもたらした暖かい海流の奇跡

日本と同じ緯度を西へ向かうと、そこはほとんどが砂漠や草原地帯。
本来なら日本は乾燥したエリアに位置しているにもかかわらず、
豊かな森が広がっている。この謎には日本周辺に流れる海流が大きく影響していた。

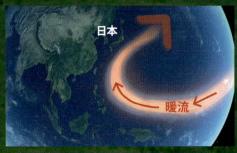

1700 万年前

地殻運動の活発化と暖流の北上
1700万年前。地殻運動が活発化し、東南アジアの島々が誕生する。その結果、針路を遮られた海流は日本に向かって北上し始めた。

黒潮の誕生
平均水温20℃の黒潮。この暖かい海流が日本の気候に大きな影響を与えることになる。

3000 万年前

太平洋からインド洋に流れる暖流
今からおよそ3000万年前、勢力の強い暖流が太平洋からインド洋に向かって流れていた。

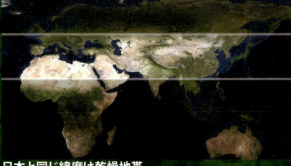

日本と同じ緯度は乾燥地帯
日本の緯度は、およそ北緯20〜46度。西へ向かうと、モンゴル、さらにはエジプトなどの乾燥地帯にたどり着く。なぜ同じ緯度にもかかわらず、日本には豊かな森が広がっているのか。

暖かい海流が北上して
日本の気候に大きな影響を与えた

黒潮は、日本に向かって北上する海流。黒潮の暖かな水が蒸発すると、水蒸気をたっぷり含んだ空気が上昇し、雲となる。そして雲は山にぶつかり、大量の雨を降らせる。黒潮は日本の気候に影響を与え、列島は森林で覆われていった。

クロマグロは、黒潮の流れに乗ってやってくる。

黒潮の影響により日本の沿岸では、世界最北端のサンゴ礁が育まれている。

大量の雨が動物たちの進化を促した

日本に森林ができた

黒潮の影響により雨に恵まれた日本には、豊かな森林が育まれた。ある地域では、年間の降水量が4000mm。南アメリカのアマゾンに匹敵するほどにもなる。陸地の7割を覆う豊かな森は多くの貴重な生きものの命を育んでいる。

絶滅が危惧されているツキノワグマ。

豊富な水が日本固有の生きものたちを生み出した

豊かな森を育んだ豊富な水の恵みは、日本固有の生きものを生み出した。全長1mにもなる世界最大の両生類オオサンショウウオや、水中でより多くの酸素を取り入れるために皮膚がブヨブヨになる（オス、繁殖期のみ）ナガレタゴガエルのような独特な生きものたちが誕生した。

3000万年前から姿を変えていないといわれ「生きた化石」と

皮膚呼吸するナガレタゴガエルのオスは、繁殖期になるとより

スノーモンキー誕生の秘密
氷河期によって運命が変わったニホンザル

熱帯起源の生きものとされるサルが世界有数の豪雪地帯のある日本で暮らしている。それはなぜか？
サルが日本にやってきた背景には、地球規模の大変動がかかわっている。

ニホンザルの祖先は大陸にいた

ニホンザルに最も近い種類はインドから中国にかけて生息しているアカゲザルで、共通の祖先は大陸で暮らしていたと考えられている。元々熱帯起源の生きものともいわれるサルが、日本にいるのはなぜか。
日本海側は世界でも有数の豪雪地帯で、1日2mという世界最高の積雪記録をもつ。しかも冬場、サルたちは食べ物が乏しくなり体重が1割近くも減るという。サルにとって過酷なこの雪深い日本で生活するようになったのはなぜだろうか。

ニホンザルに最も近い種類のアカゲザル。

陸の橋をつくった「氷期」

サルたちが日本にやってきた背景には、地球規模の大変動、氷河期の存在がある。氷期には大陸と日本が地続きになり、この陸の橋を通って日本にやってきたと考えられている。その後、氷期が終わり地球が温暖な気候になると、日本は再び島となり、サルは閉じこめられた。

雪の中で暮らすニホンザル。

250万年前に氷河期へ突入 → 50万年前に陸の橋を通って渡ってきたニホンザルの祖先

地球の気候が長期にわたって寒冷化する氷河期に突入する。およそ10万年サイクルで氷期とよばれる寒さの厳しい時期がくり返し訪れるようになった。

氷期になると海水面は最大140mも下がったという。これにより大陸と日本が地続きになり、ニホンザルの祖先はおよそ50万年前、陸続きになった日本へ移動してきたと考えられている。

落葉広葉樹の森の恩恵を受けたニホンザル

大雪を味方にして勢力を拡大したブナの木の恩恵を受けているのがニホンザル。厳しい冬さえなんとかしのげば、サルたちは森で十分な食べ物を得ることができる。この大雪とともに繁栄した落葉広葉樹の森が、世界でも類をみない「雪の中で暮らすサル」を誕生させた。

大雪を味方につけて繁栄したブナの木

大雪という、多くの生きものたちにとっては過酷な条件を味方につけて、勢力を拡大していったのがブナを始めとする落葉広葉樹。ブナの枝は柔らかく、大雪をものともしない。また積もった雪はブナの種や若木をネズミの食害から守ってくれる。さらに春には、成長に欠かせない大量の雪どけ水を提供してくれる。

氷期が終わり再び島国に → 黒潮の変化と対馬暖流 → 大量の雪をもたらす

サルの祖先が日本へ渡ってきた後、氷期は終わり、地球は再び温暖な時代を迎える。暖かくなると氷がとけ、海水面が再び上昇。日本列島は大陸から切り離されて再び島となった。その結果、サルたちは閉じこめられた状態になり、島から出られなくなった。

氷期の終わりに、黒潮の流れに大きな変化が生じた。一部が日本海へと流れ始め、「対馬暖流」が誕生した。

対馬暖流は、シベリアから吹く冬の季節風に大量の水分を供給する。すると雪雲が発達し、日本海側に膨大な量の雪が降るようになった。

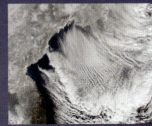

四季折々に順応するニホンザル
逆境を乗り越え進化した
ニホンザルの生態

ニホンザルは、サルの仲間では最も北に生息する種類。
四季がある日本。めまぐるしく変わる環境のなかで、彼らは一体どうやって生きてきたのだろうか。

春 誕生の季節

ニホンザルの群れの中で、次々と赤ちゃんが生まれる。春はニホンザルにとって誕生の季節だ。

母ザルは母乳を与えるためにたくさん食べる

春は森に食べ物が豊富にある季節。母ザルは生まれたての子ザルに母乳を与えるため、たくさんの栄養を摂取する。

夏 槍ケ岳のニホンザル
斜面を登り始める夏

槍ヶ岳など3000m級の峰々が連なる北アルプス。ニホンザルは、普段は麓の森の近くで暮らしているが、新緑の季節が終わると山を登り始める。岩だらけのむき出しの斜面を、森がなくなってもひたすら登り続ける。森を後にして3ヶ月後の頂上に近づいた頃には、高山植物が実を結ぶため、夏が終わるまでここで栄養をとる。

ハイマツを食べる

山の頂上付近にはハイマツの群落がある。サルたちの目当ては、ハイマツの実。種には脂肪がたっぷりと含まれているため、実を砕き中の種を食べる。

秋 長い冬を乗り切るためにたくさん食べる

秋は、落葉広葉樹の森が1年で最も多くの恵みをもたらす。ヤマブドウやガマズミ、サルナシ。森は、サルたちの好物で満ち溢れる。長く厳しい冬を乗り切るために、たらふく食べて、脂肪として蓄える。

冬 長野県上高地、宮城県金華山のニホンザル
水生昆虫、海藻を食べるように適応したサル

冬、サルたちは秋の蓄えを消費しながら春を待つ。これまでは厳しい冬をじっと耐え抜くだけだと考えられてきたが、飢えをしのぐために新たな食べ物を発見したサルが出てきた。冬の間の主な食べ物は木の皮などだが、水生昆虫なども食べるようになったサルもいる。川の中へ入り、トビケラやカワゲラなど水生昆虫の幼虫を漁る。タンパク質を補う貴重な食べ物だ。
また、金華山のサルは、ビタミン、ミネラルなどが豊富に含まれている海草を採取。ワカメ、イワノリ、ヒジキ、ホンダワラなど、彼らがここで発見した食べ物は10種以上にもなるという。

温泉につかるサル

長野県北部にある地獄谷温泉では、冬になると毎朝、体を温めに温泉にやってくる。温泉を利用するようになったのはわずか45年ほど前。まずは子ザルが入り始め、しだいに群れの中へ広まっていったという。以来、地球上で唯一、温泉に入るサルたちの姿は世界中の人々に衝撃を与えてきた。

木の皮を食べるサル
（長野県上高地）

水生昆虫を食べるサル
（長野県上高地）

海藻を食べるサル
（宮城県金華山の海辺）

温泉にもぐることも！

観光目的用に麦がまかれることがある。サルたちは温泉の中に落ちた麦を、1分近く息を止めてもぐって拾い食べる。サルが1分近くも潜水する例はほとんど知られていない。

亜熱帯地域で独自の進化を遂げた動物たち

狭い島を生き抜く知恵を身に付けたのは、寒い地域のニホンザルだけではない。沖縄県西表島は、冬でも気温が20℃近い亜熱帯地域。ここにも独自に進化してきた生きものがいる。

ジャングルのような森で独自に進化

沖縄とその周辺の島々は、豊かな自然が残る亜熱帯地域だ。冬でも気温は20℃近くまで上がる。同じ日本でも、長野県の上高地とは30℃もの差がある。年間2,000mmにもなる降水量が、木々を生い茂らせ、アマゾンのジャングルのような森が広がる。この森には世界でも極めて珍しい生きものが潜んでいる。土の中に子どもを埋めて子育てするウサギ、魚を捕えて食べるネコ。動物たちは環境に合わせ、独特な進化を遂げた。

高さ20m近くにもなる巨木サキシマスオウノキ。板のような大きな根を大地に張りめぐらしている。

子どもを守るために珍しい習性をもつアマミノクロウサギ

アマミノクロウサギは、奄美大島、徳之島に生息する固有種。耳や尾は短く、原始的な形態をとどめるウサギだ。母ウサギは、巣穴の中に子どもを入れて育てることで子どもを守るという。

土の中に埋めて天敵から守る

母ウサギは、自分の巣穴から数百mも離れたところに子ども用の巣穴をつくる。子どもをその中に入れ、土で埋めて閉じ込めるのだ。栄養価の高いミルクのおかげで、子どもは土の中に埋められたまま最長2日も生きることができる。この奇想天外な行動は、天敵である毒ヘビのハブなどから我が子を守るためと考えられる。

魚を捕らえて食べる イリオモテヤマネコ

西表島だけに棲むイリオモテヤマネコ。その生態は普通のネコとは全く異なる。生活の場はマングローブを始めとする水辺の森。そこで狙うのは魚や水生生物。野生のネコにはライオンやトラなど約40種の仲間がいるが、魚を捕えて食べる種は世界的にも珍しいという。

© 株式会社アニカプロダクション

主食をネズミから魚に変えて生き延びた!?

島には元々、「ネズミ」がいなかった。その状況でイリオモテヤマネコが見つけたのが「魚」だ。逆境ともいえる環境が、魚を捕獲する世界でも珍しいネコを生み出したといえる。

© 株式会社アニカプロダクション

歯の本数を変えて食べ物をゲット!? イワサキセダカヘビ

食べ物を確実に得るために、歯の本数が左右で違う生きものもいる。カタツムリだけを食べて暮らしているスペシャリスト・イワサキセダカヘビだ。全長は70cmほど。カタツムリが出す粘液の跡をたどり、ひっそりと忍び寄る。そして後ろからかみつくと下アゴを中にもぐり込ませ、肉を掻き出して食べる。

© 細将貴

左右で歯の本数が違う

右側のアゴの歯は24本。左側は16本。なんと左右で歯の数が違う。

捕食が有利なアゴへと進化

日本にいるカタツムリはほとんどが右巻きだ。ヘビはカタツムリの体にかみつくと、殻をひっくり返しアゴを中に差し込んで、身を掻き出して食べる。その際、殻の中にアゴを奥まで入れるには左側の方が便利。アゴをスムーズに差し込むためには歯が少ない方が有利だ。左右で歯の数が異なるのは、右巻きのカタツムリを食べるための驚くべき適応だ。

オオサンショウウオ、カエル……
両生類の王国で水を利用し独自に進化した生きものたち

黒潮がもたらす膨大な雨が、豊かな森をつくり出し、
森を育む豊富な水が、日本固有の生きものたちを生み出した。
日本は世界屈指の両生類の王国。およそ60種いるうちのなんと8割近くが固有種だ。

生きた化石オオサンショウウオ
山間の渓流に潜んでいるのが、世界最大の両生類オオサンショウウオ。全長は1mにもなる。3000万年前から姿を変えていないという「生きた化石」だ。

メスをめぐる闘い
普段は単独で暮らすオオサンショウウオ。しかし夏になると、繁殖のためにオスが1ヵ所に集まり、メスをめぐって激しく争う。

皮膚で呼吸する
オオサンショウウオは両生類。肺を進化させたが、それだけでは十分な酸素を吸収できない。そのため水流の速い河川で、水の中にある酸素を皮膚から取り込む。

体のセンサーで振動を捉える
オオサンショウウオは、視力が弱い。そのため、体にあるセンサーで振動を捉えて獲物を感知する。

木の上に産卵するモリアオガエル

カエルというと、水の中で卵を産むと思いがち。しかしモリアオガエルが産卵するのは木の上だ。粘液でつくった泡の中に、数百個の卵を産みつける。泡に守られてふ化したオタマジャクシは、雨が降ると池へ落下する。雨を巧みに利用する世界でも珍しいカエルだ。

木の上に粘液で泡をつくりその中に数百個の卵を産みつける。

泡で守られ無事にふ化したオタマジャクシは、雨で柔らかくなった泡とともに、池へ落下する。

皮膚がブヨブヨになる ナガレタゴガエル

ナガレタゴガエルのオスは、繁殖期になると皮膚が伸び、ブヨブヨになる。皮膚呼吸を行う彼らは、皮膚の面積を増やしてより多くの酸素を取り込むことで、水中に長く滞在し、メスに出会うチャンスを増やしている。

魚にしがみつくナガレタゴガエル。繁殖期、メスをめぐる闘いに敗れたオスは興奮が冷めず、動くものならたとえ魚でもしがみつく。

夏の夜を彩る無数の光
元々は森の生きものだったホタル

夏の水辺で見られるホタルの舞。
しかし水辺のホタルは、実は世界的には極めて珍しい。
世界にはおよそ2000種のホタルがいるが、幼虫が水中で暮らすのはわずか数種だけ。
ホタルは元々森の生きものだという。

なぜ森から水辺へ？

元々は森に暮らしていたホタル。食料となるのは巻き貝で、そのなかからカワニナなど、水中にある豊富な食料に目をつけたホタルが現れたと考えられる。それが水辺のホタルだ。

水辺で暮らす
ゲンジボタル

夏の夜を彩る日本の固有種。

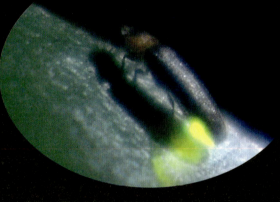

森で暮らすホタル
ヤエヤマボタル

西表島に生息するホタルがヤエヤマボタルだ。西表島には8種のホタルがいるが、すべて森で暮らしている。

幼虫でも光るマドボタル

幼虫も光るのがマドボタル。光で敵を驚かせ自分の身を守るためだという。

消化液で少しずつ食べる

獲物のひとつ、カタツムリ。マドボタルの幼虫は、食べ物となるものを見つけると、執拗に攻撃を加え弱らせていく。そして口から消化液を分泌し、少しずつ食べていく。

多種多様な自然・生きものを生み出した奇跡の列島「日本」、そして人口過密な列島「日本」

数々の偶然がつくり出した奇跡の列島、それが日本。北から南までの気温差が非常に大きいという独特の環境が、多種多様な自然、生きものを生み出した。しかし、日本列島は1億人以上の「人間」がひしめきあって暮らす場所。これほど人口過密なホットスポットはほかにはなく、生きものたちにとっての脅威ともなっている。

神秘的なアイスモンスター

大量の雪と氷がつくり出す神秘的なアイスモンスター（樹氷）。成長していく不思議な氷は、日本でしか見られない奇跡の光景。雪の中を歩くライチョウは、国の特別天然記念物に指定されており、貴重な生きものだ。しかし、地球温暖化の影響で樹氷も減少。ライチョウの住みかも減り、個体数も減少している。

日本でしか見られないアイスモンスター。

雪の中を歩くライチョウ。

豊かな広葉樹の森と絶滅危惧種

ブナやミズナラなど広葉樹の森が、多くの命を育んだ。日本には、わかっているだけでも9万種以上の生きものが暮らしている。

一方で身近な動物のニホンイノシシやクマなどが、狩猟されたり害獣として駆除されたりしてきた一面もある。特にリュウキュウイノシシは、絶滅危惧種にリストアップされている。

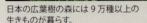

日本の広葉樹の森には9万種以上の生きものが暮らす。

ときには駆除の対象にもなるニホンイノシシ。

人間の暮らしが生んだ脅威

日本はマングローブの北限の地でもある。川から流れてきた栄養分が溜まるマングローブの林は、多くの生きものたちの住みかとなっている。2010年、イリオモテヤマネコは1年間に5匹が車にはねられ命を落とした。近年、こうした事故が多発しているという。島の暮らしをよくするためにつくられたアスファルトの道路が、ヤマネコにとっての脅威となっている。

© 株式会社アニカプロダクション

多くの生きものが棲むマングローブ林。

絶滅危惧種のイリオモテヤマネコ。

関連資料

生物多様性ホットスポット一覧

生物多様性が豊かでありながら、同時に危機にも瀕している地域、それが生物多様性ホットスポット。
本書で紹介した12ヵ所を含めて、地球上に35ヵ所存在し（2015年現在）、
いずれも絶滅が危惧されている動植物が生息している。
そして、それらの国と地域を中心に生物多様性の保全活動をしているのが
コンサベーション・インターナショナルだ。

❷ カリフォルニア植物相地域
❸ マドレア高木森林
❺ カリブ海諸島
❹ 中央アメリカ
❶ ポリネシア・ミクロネシア
❻ トゥンベス・チョコ・マグダレナ
❽ セラード
❼ 熱帯アンデス
❿ アトランティック・フォレスト
❾ ヴァルディヴィア森林（チリ冬季降雨地帯）
⓫ 地中海沿岸
⓬ 西アフリカ・ギニア森林

関連資料のページはコンサベーション・インターナショナル・ジャパンの協力のもと、編集部で制作しました。

「自然を守ることは、人間を守ること」
コンサベーション・インターナショナル（CI）
1987年に米国で設立したコンサベーション・インターナショナル（CI）は、持続可能な社会の実現を目指す国際NGO。人が生きていくうえで欠かすことのできない自然の恵みを将来世代にわたり享受することができるよう、科学とパートナーシップ、現場での実践を柱に、30ヶ国以上で約1000名のスタッフが、生物多様性ホットスポットを中心に、2000以上のパートナーと共に保全活動に取り組んでいる。

＊ホットスポットは、自然環境の単位であり、国境をまたいでいるものもあります。

❶ ポリネシア・ミクロネシア

南太平洋に広がる1415の島々からなるこのエリアには、固有種のミツドリなどが生息している。しかし、200年前のヨーロッパからの人類入植にともなってもち込まれた侵入種と過剰な狩猟の結果、25種以上の鳥類が絶滅した。

❷ カリフォルニア植物相地域

地中海性気候帯にあり、植物の固有性が大変高いエリア。スギの一種で、地球で最も巨大な生きものといわれるセコイアオオスギや、より背が高くやや細身のコースト・レッドウッドなどが繁殖しており、絶滅の危機に瀕する固有種も多く生息している。

©nob / PIXTA (ピクスタ)

❸ マドレア高木森林

メキシコのバハ・カリフォルニア山脈とアメリカ合衆国南部に囲まれた、険しい山岳地帯や高い起伏、深い渓谷からなるエリア。メキシコ全体の植物種の4分の1が生息しており、そのほとんどがここでしか見ることができない。ミチョアカンにあるマツの森は、毎年大移動を行う何百万匹ものオオカバマダラ蝶の越冬地としても有名。

© Will Turner

❹ 中央アメリカ

この地域に広がる森林は世界のホットスポットのなかで3番目の広さとされる。幸運をよぶ鳥とよばれるケツァールやホエザルなど、特徴的な固有種が多く、17,000種に及ぶ植物が生息するほか、多くの渡り鳥にとっての重要な生息環境を提供している。この地域の低山帯林は、現地固有の両生類にとって重要な生息環境だが、その多くが生息地破壊、病害、気候変動などの影響を受けている。

❺ カリブ海諸島

山岳雲霧林地帯や、森林伐採と浸食によって荒廃したサボテンの低木地帯など、多様な生態系が見られるエリア。小型動物が多く生息し、世界最初の鳥であるタイニー・ビー・ハミングバード(ハチドリの一種)や、世界最小のヘビが生息する。キューバワニや大トカリネズミなど多数の絶滅危惧種も生息している。

© Robin Moore / iLCP

❻ トゥンベス・チョコ・マグダレナ

中央アメリカの最南東部から南アメリカ大陸の北西部まで拡がる地域で、北を中央アメリカ、東を熱帯アンデスという2つのホットスポットに隣接している。ハゲクビカザリドリや、色鮮やかなヤドクガエルなどの固有種が生息する。しかし、都市化、密猟、森林減少などが脅威となり、エクアドル沿岸部のマングローブ林では、急速に破壊が進み、元々の面積の2%が残るのみである。

❼ 熱帯アンデス

地球上で最も豊富な生物資源を有し、世界の地表面積の1%弱に過ぎない地域に、全世界の植物種の約6分の1が見られる。また、絶滅危惧種であるキミミインコ、イエロー・テイル・ウーリー・モンキー、メガネグマはすべて固有種。これらの生物が生息する森林は、その4分の1だけが残り、採鉱、森林伐採、石油採掘、麻薬栽培などによって脅かされている。

❽ セラード

ブラジルの国土の21%を占め、南米で最も広域にわたる森林性サバンナ。厳しい乾季が生態的特徴を形づくっており、干ばつや野火に適応した植物生態系、そして多種に及ぶ固有の鳥類が生息する。また、オオアリクイ、オオアルマジロ、ジャガー、タテガミオオカミに代表される大型ほ乳類も生息している。

© Conservation International / photo by Olaf Zerbock

❾ ヴァルディヴィア森林（チリ冬季降雨地帯）

希少種を含む多様な現地固有の動植物種が生息する、太平洋、アンデス山脈、アタカマ砂漠に囲まれた陸の孤島。ナンヨウスギは国定記念物に指定され、保護対象となっている。過放牧、侵入種、都市化などが生態系を悪化させている。

❿ アトランティック・フォレスト

南アメリカ熱帯地域に属する大西洋沿岸部の森林地帯。2万種に及ぶ植物種の宝庫で、そのうち40%が、ほかでは見ることのできない固有種。しかし、9割以上の原生林が失われており、ゴールデン・ライオンタマリンを含む、3種のライオン・タマリンや、そこに生息する20種以上の脊椎動物が絶滅の危機に瀕している。また、ブラジル北東部に点在する小さな原生林には、固有の鳥類が6種生息している。

© Conservation International / photo by Russell A. Mittermeier

⓫ 地中海沿岸

このエリア固有の維管束植物は22,500種に及び、ヨーロッパのほかの地域全体での4倍以上にあたり、固有のは虫類も多く生息する。リゾートやインフラ開発の影響により、絶滅の危機に瀕する生物種の個体数は減少し、生息地も断片化し、孤立している。

⓬ 西アフリカ・ギニア森林

20種以上の霊長類を含む、アフリカで見られるほ乳類の4分の1以上が生息する。伐採、採鉱、狩猟、人口増加など森林生態系を大きく圧迫し、コビトカバ、ニシチンパンジーなどの絶滅危惧種を脅かしている。また、固有鳥類の生息地も広く分布しており、これらも危機に瀕している。

CIの取り組み①
米国大手コーヒー会社とのパートナーシップ

CIは、1998年から、米国大手コーヒー会社とともにコーヒー栽培を通じた生物多様性ホットスポットでの持続可能な開発に取り組んでいる。CIと米国大手コーヒー会社は、「C.A.F.E. プラクティス」とよばれるコーヒーの倫理的な調達基準を開発した。これは、生態系や野生生物の保全、土壌の改善、参加する農家への公正で明確な利益の創出など、環境、社会、経済に配慮した購買を実現するための指針である。途上国における森林保全による温室効果ガスの排出削減努力に対して、経済的なインセンティブを与える「REDDプラス」とよばれる気候変動対策にも、農園敷地内の森林の持続的な管理などを通じて積極的に取り組んでいる。これまでに、メキシコやコロンビア、ペルー、コスタリカ、パナマ、インドネシアなどの生物多様性ホットスポットにおける自然環境の改善とコーヒー農家の生活水準の向上に大きく貢献している。

⑬ カルー多肉植物地域

南アフリカとナミビアに位置し、植物、は虫類、無脊椎動物など固有性に富んでおり、地球上で最も豊かな多肉植物相が見られる。乾地性気候にある2つのホットスポットの1つで、人間の姿に似た多肉植物のハーフメンズや、トカゲ、カメ、サソリなどの固有種が生息する。

⑭ ケープ植物相地域

世界に5つしかない地中海性気候帯にあるホットスポットの1つ。植物相は常緑性であり、低木地帯は野火により生態系のバランスが取られている。固有の植物種の多くがこの地域に見られ、熱帯でない地域にある高等植物の植生地としては世界屈指。ホットスポット全体が「花の王国」を形づくっている。

© Conservation International / photo by Haroldo Castro

⑮ マピュタランド・ポンドランド・オーバニー（アフリカ南東部沿岸）

アフリカ南東部沿岸に位置する「大断層」に沿って弓なりに続くエリアで、固有植物種の重要な生息地。暖温帯に属する原生林には600種近くの樹木種が生息し、最も樹木種が豊富な温帯林である。よく知られたストレリチアは代表的なホットスポットの固有種です。ここでは、ミナミシロサイの亜種の保全が、アフリカの自然保護活動の中でも成功例の一つとして知られていますが、多くの大型ほ乳類の生息地である草原と森林は、地元の農業、放牧地の拡大のため脅威にさらされている。

⑯ マダガスカル及びインド洋諸島

このエリアには驚くほど多様な動植物が生息している。しかし、世界的にも知られている72種に及ぶキツネザル及びその亜種たちは、人間の定住が始まって以来、すでに15種が絶滅。インド洋にあるセイシェル共和国、コモロ・イスラム連邦共和国、マスカリン諸島にも、数種の絶滅危惧鳥類種が生息する。

⑰ 東アフリカ沿岸林

このエリアの原生林は、小さく分断されているものの、非常に高い生物多様性を有する。なかでも、世界の鉢植え植物の市場規模は1億ドルといわれ、その市場を支えているのが4万種にのぼるセントポーリアの栽培。それらはすべてタンザニアの沿岸部及びケニアの森林で発見された種から派生したものである。

© Conservation International / photo by Gina Buchanan

⑱ アフリカの角（アフリカの角～アラビア半島南端）

乾地性気候にある2つのホットスポットの1つで、何千年もの間、生物的資源の宝庫として知られてきた。一方で、世界で最も破壊が進んだエリアでもあり、原生の生態系地域のうちすでに95％が失われた。絶滅危惧種で固有のアンテロープ数種や、アフリカのほかのどの地域よりも多くの固有のは虫類が生息する。

⑲ 東アフリカ山岳地帯

主にアフリカ大陸の東端に沿って北はサウジアラビアから、南はジンバブエまで、山岳生態系が点在する。地理的には異質だが、著しく類似した植物相が見られ、またアルバティーン地溝には、アフリカの他のどの地域よりも多くの固有のほ乳類、鳥類、両生類が生息している。

© Robin Moore / iLCP

⑳ イラン・アナトリア高原

地中海域と西アジアの乾燥した高原帯を隔てる自然の境界線。山々と盆地からなる生態系が、この地域の固有種の主な生息地となっている。およそ400種の植物が、2つの異なった植物相が交差する「アナトリア対角線」に沿って生息する。トルコにある1200もの固有種の多く（4種の固有絶滅危惧種であるクサリヘビ含む）は、そのすぐ東側あるいは西側にのみ生息しています。

㉑ コーカサス

砂漠、サバンナ、乾燥性の高木林、森林によって構成される現地固有の植物種が数多く見られ、起伏の激しい地形には絶滅危惧種であるヤマヤギが生息する。近年では経済的及び政治的危機が森林破壊を悪化させており、また違法な狩猟や植物採取によって、地域の特徴的な生物多様性が脅かされている。

© Olivier Langrand

㉒ 中央アジア山岳地帯

古代ペルシャ人に「世界の屋根」として知られ、生態系は氷河から砂漠まで変化に富んでいる。なかでも破壊の危機に瀕しているクルミ種の森は、周辺地域に生息するさまざまな果実樹種の原種を多く含み、遺伝的多様性の宝庫ともいえる。

㉓ ヒマラヤ

エベレストに代表される世界で最も高い山岳地帯。急激な隆起により形成されたことから、草原や亜熱帯の広葉樹林、樹木限界を超えた高山の草地まで、多様な生態系を有する。コンドル、トラ、ゾウ、サイ、アジア水牛などが生息し、大型鳥類やほ乳類の重要な生息地でもある。

㉔ インド西ガーツ及びスリランカ

急激な人口増加圧力に直面し、材木や農業用地としての需要により多大な影響を受けてきたエリア。西ガーツ地方に残存する森林の多くは細かく分断され、スリランカにある元々の原生林はわずか1.5％しか残っていない。固有の植物種、は虫類、両生類、アジアゾウやベンガルトラ、シシオザルなどの絶滅危惧種が生息している。

© Olivier Langrand

CIの取り組み②
マダガスカルでのコミュニティ参加型森林保全プロジェクト

かつて島を豊かに覆っていた森の大部分が失われたマダガスカルにおいて、アンケニヘニーザハメナ森林コリドーは、原生的な状態をとどめる貴重な森である。ここで、CIは、地元関係者とともに生物多様性の保全や気候変動への対策と同時に、地元の持続可能な開発を支援するため、森林の保全に取り組んでいる。そのための活動の一つが「保全契約」である。地元住民は、地域の自然から搾取することを止め、自然を守る役割を担い、その対価として、持続的な地域づくりに必要な、例えば農業の技術支援や設備導入といった支援を受けている。これまでに3000近くの農家が取り組みに参加し、森林保全の成果があらわれている。

㉕ インドビルマ（インドシナ半島）

熱帯アジアの200万km²以上にわたり、現在も世界的に注目される生物の宝庫。これまでに、サルを含む6種の大型ほ乳類の新種が発見された。また、固有の淡水カメ種の数においても傑出しているが、一方でそのほとんどが過剰な狩猟と生息環境の破壊により、絶滅の危機に瀕している。

㉖ 中国南西山岳地帯

気候と地形の変動がめざましい山岳地帯。多様な生態系を有し、温帯にある植物相としては最も固有性が豊かな地域の1つ。固有種であるキンシコウ、ジャイアントパンダ、レッサーパンダ、キジ数種が生息するが、ダム建設、違法な狩猟、過放牧、森林伐採などが脅威となって、絶滅危惧種となっている。

㉗ スンダランド

インドーマラヤン群島の西部、ボルネオ島、スマトラ島などにまたがり、特に緊急の保全が必要とされているエリアの1つ。急速に成長する林業や、ゴム・パーム油、紙産業、他国で食料や薬剤源としての価値が認められているトラやサル、カメ種などを狙った国際的な野生動物取引の結果、その壮観な動植物相は深刻な危機に瀕している。

© Conservation International / photo by Sunarto

㉘ オーストラリア南西部

森林、高・低木材、荒地は、植物及びは虫類に高い固有性がみられる。フクロアリクイ、フクロミツスイ、ユーカリインコなどの固有の脊椎動物も生息する。ウェスタン・スワンプカメは、保全活動の結果、生息数は増えたものの、依然として世界で最も絶滅の危機にある淡水カメの一種である。

© Kellie Pendoley

㉙ オーストラリア東部森林地帯

南北に細長く続くこのエリアは、平地、傾斜地、台地、海岸、河川などが含まれており、標高は0mから約1,600mまで高低の差が非常に大きい。固有植物が多く、ドリアンセンスやアウストロバイレヤ、パテルマンニアなどはここだけにしか存在しない。一方で、ウォレマイパインなどの成木は今では50本にも満たず、絶滅が心配されている種もある。

㉚ ウォーレシア

インドネシア東部を中心とし、極めて多様な動植物相を有するエリア。固有鳥類種は豊富であるが、比較的陸域面積が狭く、単位面積あたりの多様性は、極めて高い。また、世界最大のトカゲであるコモドドラゴンは、コモド島、パダール島、フローレス島にのみ生息する。生物多様性保全のためには、各島に自然保護地域を設立する必要がある。

㉛ ニュージーランド

山岳地形をもつ島々からなり、多様な固有種が生息する温帯熱帯林がある。たとえば翼のほとんどない鳥であるキーウィのように、このエリアに生息するほ乳類、両生類、は虫類は世界でこの地域を除いて見ることができない。侵入種が最も深刻な脅威であり、700年前の人類の入植以来、すでに50種の鳥類が絶滅したとされる。

© Conservation International / photo by Russell A. Mittermeier

㉜ ニューカレドニア

四国とほぼ同じ面積のなかに、5科以上に及ぶ固有植物が生息する豊かな生態系を有する。世界で唯一の寄生針葉植物や、世界中のナンヨウスギ科樹種のほぼ3分の2がこのエリアに見られるが、ニッケルの採掘、森林破壊、侵入種などによって生態系が脅かされている。特徴的なとさかをもつカグーは、同じ科の中で唯一生き残っている絶滅危惧種である。

㉝ 東メラネシア諸島

1600の小さな島々で形成され、かつて原生に近い熱帯の生態系がそのまま残る地域とされる。それぞれの島も複雑な地形を有することから、ホットスポット全体としても、またそれぞれの島単位においても、生物種の高い固有性を有する。

㉞ フィリピン

7100以上もの島々からなり、世界でも生物多様性が豊かな国の1つ。断片化した森林は、すでに元々この地を覆っていた原生林面積の7%しか残っていない。このエリアには、フィリピンワシなどの絶滅危惧種を含む、多くの固有種が生息する。

㉟ ジャパン

© Olivier Langrand

3000以上の島々で構成される日本列島は、南は湿潤な亜熱帯から、北は寒帯まで、変化に富んだ気候帯と生態系を有する。脊椎動物のうち、約4分の1が固有種であり、絶滅危惧種のなかでも特に緊急な保全が必要とされるノグチゲラや、人間を除き世界で最も北に生息する霊長類の「雪ザル」として知られるニホンザルが生息する。

CIの取り組み③
インドネシアのグリーンウォール・プロジェクト

日本の大手総合空調メーカーの支援でインドネシアのジャワ島で実施しているグリーンウォール・プロジェクト」は、失われてしまった森林を回復し、森の豊かな恵みが地元の人々へ持続的にもたらされることを目的として、2008年に開始した。CIはインドネシアの林業省、現地NGO、そして地元コミュニティとともにグヌン・グデ・パンゴ国立公園に広がる荒廃地への植林を進めている。アグロフォレストリーやエコツーリズムといった代替生計のための手段を導入することで、森林保全と貧困削減の実現を目指す包括的な取組みである。また、水道や電気の通ってない村に、森の恵みである「水」や水から得られる「電気」を届け、コミュニティの生活環境の改善にも取り組んでいる。自然の恵みの大切さを理解し、住民自らが継続して森林保全や再生に参加できる仕組みは高く評価され、他地域への展開も進みつつある。

放送番組 CREDITS

NHKスペシャル　ホットスポット　最後の楽園

出演――――福山 雅治　　　　　　　　　　国際共同制作――NHNZ　　France Televisions
音楽――――佐藤 直紀　　　　　　　　　　　　　　　　　　Science Channel /Animal Planet
語り――――福山 雅治　守本 奈実　　　　制作――――――NHKエンタープライズ
　　　　　　　　　　　　　　　　　　　　制作・著作――――NHK

第1回 マダガスカル 太古の生命が宿る島 (2011年1月30日放送)

取材協力―――アン・ヨーダ　ジェレミー・テリアン
　　　　　　　パトリシア・ライト　アルマン・ラスアミアラマナナ
　　　　　　　コンサベーション・インターナショナル
　　　　　　　マダガスカル国立公園管理協会
　　　　　　　ドイツ霊長類研究所
　　　　　　　進化生物学研究所　咲くやこの花館
　　　　　　　ラッセル・ミッターマイヤー　ピーター・カプラー
　　　　　　　吉田 彰　相馬 貴代　田多 浩美　松林 明
　　　　　　　冨田 弘樹　板倉 正幸　杉浦 弘薫
撮影―――――小迫 裕之　杉田 達彦　牟田 俊大
音声―――――池田 茂
映像技術―――藤野 和也
映像デザイン―倉田 裕史
CG制作―――Weta
音響効果―――飯村 佳之
コーディネーター―セルジュ・ラザフィンドライベ　清水 玲奈　柳原 緑
取材―――――岡部 聡
翻訳―――――原 千雅子
編集―――――森本 光則
ディレクター―早川 正宏
制作統括―――村田 真一
　　　　　　　アンドリュー・ウォーターワース　石田 亮史

第2回 ブラジル・セラード 光る大地の謎 (2011年2月6日放送)

取材協力―――ダーリン・クロフト
　　　　　　　コンサベーション・インターナショナル
　　　　　　　IBAMA
　　　　　　　小野田 啓右　山本 千尋
　　　　　　　服部 敬也　田多 浩美
　　　　　　　板倉 正幸　杉浦 弘薫
撮影―――――小倉 裕之
音声―――――池田 茂　冨田 弘樹
映像技術―――藤野 和也
映像デザイン―倉田 裕史
CG制作―――矢野森 明彦
音響効果―――飯村 佳之
コーディネーター―湯川 宜孝
翻訳―――――原 千雅子
編集―――――杉山 貴子
ディレクター―岡部 聡
制作統括―――村田 真一
　　　　　　　アンドリュー・ウォーターワース

第3回 オーストラリア 不毛の大地に生まれた"奇跡" (2011年4月7日放送)

取材協力―――マリリン・レンフリー　アダム・マン　マイケル・アーチャー
　　　　　　　NSW NATIONAL PARKS WILDLIFE SERVICE
　　　　　　　コジオスコ国立公園
　　　　　　　コンサベーション・インターナショナル
　　　　　　　イングリッド・ビット
　　　　　　　クレイグ・スミス
　　　　　　　ピーター・バートレット
　　　　　　　ウルリケ・クロッカー
　　　　　　　バリー・オークマン
　　　　　　　石野 史敏　岩崎 佐和　田多 浩美
撮影―――――ローリー・マッギネス
音声―――――池田 茂
映像技術―――深谷 志保
映像デザイン―倉田 裕史
CG制作―――杉浦 麻希子
VFX―――――Weta
音響効果―――飯村 佳之
翻訳―――――原 千雅子
編集―――――田口 英男
ディレクター―早川 正宏　ジュディス・カレン
制作統括―――村田 真一　石田 亮史
　　　　　　　アンドリュー・ウォーターワース

第4回 ニュージーランド 飛べない鳥たちの王国 (2011年5月1日放送)

取材協力―――ハーミッシュ・キャンベル　川上 和人
　　　　　　　ウィローバンク・ワイルドライフ・リザーブ
　　　　　　　オタゴ博物館
　　　　　　　コンサベーション・インターナショナル
　　　　　　　ニュージーランド自然保護局
　　　　　　　ニュージーランド博物館
　　　　　　　我孫子市鳥の博物館
　　　　　　　小川 博　田多 浩美
撮影―――――マイク・シングル　杉田 達彦
音声―――――池田 茂
映像技術―――島田 隆之
映像デザイン―倉田 裕史
CG制作―――田中 大輔
VFX―――――Weta
音響効果―――飯村 佳之
取材―――――ジュディス・カレン
翻訳―――――原 千雅子
編集―――――下山田 昌敬
ディレクター―上田 浩一
　　　　　　　ブラント・バックランド
制作統括―――村田 真一
　　　　　　　アンドリュー・ウォーターワース

第5回 東アフリカ・神秘の古代湖 怪魚たちの大進化 (2011年5月29日放送)

取材協力―――佐藤 哲　トム・コーチャー
　　　　　　　コンサベーション・インターナショナル
　　　　　　　タンザニア水産研究所
　　　　　　　マラウィ湖国立公園
　　　　　　　相原 光人　野田 健太郎
　　　　　　　田多 浩美
撮影―――――杉田 達彦　和田 正志　川崎 智弘
音声―――――池田 茂
映像技術―――藤野 和也
映像デザイン―倉田 裕史
CG制作―――竹島 理恵
VFX―――――Weta
音響効果―――飯村 佳之
コーディネーター―根本 利通
翻訳―――――原 千雅子
編集―――――杉山 貴子
ディレクター―岡部 聡
制作統括―――村田 真一
　　　　　　　アンドリュー・ウォーターワース

第6回 日本 私たちの奇跡の島 (2011年6月26日放送)

取材協力―――泉山 茂之　中静 透　森本 孝房
　　　　　　　コンサベーション・インターナショナル
　　　　　　　環境省松本自然環境事務所　長野県松本建設事務所
　　　　　　　環境省西表野生生物保護センター　日本ハンザキ研究所
　　　　　　　伊澤 鉱生　川本 芳　川添 達朗
　　　　　　　萩原 敏夫　細 将貴　清水 善明
　　　　　　　湯本 光子　川田 勘四郎　大場 信義
　　　　　　　北村 晃寿　田多 浩美　板倉 正幸
　　　　　　　杉浦 弘薫　冨田 弘樹
撮影協力―――内山 りゅう　麻生 保　岩崎 雅典
　　　　　　　伊藤 千尋　明石 太郎　前田 泰治郎
撮影―――――小迫 裕之　杉田 達彦　牟田 俊大
音声―――――池田 茂
映像技術―――藤野 和也
映像デザイン―倉田 裕史
CG制作―――伊達 吉克
VFX―――――Weta
音響効果―――飯村 佳之
取材―――――岡部 聡　上田 浩一
翻訳―――――原 千雅子
編集―――――澤村 宜人
ディレクター―早川 正宏
制作統括―――村田 真一
　　　　　　　アンドリュー・ウォーターワース　石田 亮史

NHKスペシャル　ホットスポット　最後の楽園　Season 2

出　演————福山 雅治
音　楽————佐藤 直紀
語　り————福山 雅治　久保田 祐佳
国際共同制作————NHNZ　CCTV9
　　　　　　　　Science Channel, Discovery Int'l, ARTE
制　作————NHKエンタープライズ
制作・著作————NHK

第1回 謎の類人猿の王国 東アフリカ大地溝帯（2014年10月12日放送）

取材協力————橋本 千絵　ゴットフリート・ホーマン　古市 剛史
　　　　　　ウガンダ野生生物局　ウガンダ森林局
　　　　　　コンゴ自然保護協会　京都大学霊長類研究所
　　　　　　マックス・プランク進化人類学研究所
　　　　　　コンサベーション・インターナショナル
　　　　　　竹元 博幸　水野 一晴　五百部 裕
　　　　　　冨田 弘樹　麻生 保　中村 美穂　森 啓子
　　　　　　バーバラ・フルート
映像提供————シンシア・ガライ
撮　影————小迫 裕之　世宮 大輔　ハーバート・ブラウア
音　声————土肥 直隆
映像技術————藤野 和也
映像デザイン————倉田 裕史
ＣＧ制作————徳永 彩華
ＶＦＸ————前田 純和
音響効果————飯村 佳之
コーディネーター————和田 篤志
翻　訳————原 千雅子
編　集————澤村 宣人
取　材————岡部 聡　クイン・ペレントソン
ディレクター————北 誠
制作統括————村田 真一　小澤 泰山
　　　　　　アンドリュー・ウォーターワース

第2回 赤い砂漠と幻の珍獣 ナミブ乾燥地帯（2014年11月16日放送）

取材協力————ノルベルト・ユルゲンス　ウテ・シュミーデル
　　　　　　山田 明徳　遠藤 秀紀
　　　　　　水野 一晴　松本 忠夫　保坂 健太郎
　　　　　　長谷川 政美　湯浅 浩史　冨田 弘樹
　　　　　　麻生 保　中村 美穂　大高 悦裕
　　　　　　コンサベーション・インターナショナル
　　　　　　Colorado Plateau Geosystems Inc
撮　影————小迫 裕之　世宮 大輔　図書 博文
音　声————土肥 直隆
映像技術————藤野 和也
映像デザイン————倉田 裕史
ＣＧ制作————Sauce FX Studios
ＶＦＸ————前田 純和
音響効果————飯村 佳之
コーディネーター————千晴ローゼンバーグ
翻　訳————原 千雅子
編　集————杉山 貴行
取　材————岡部 聡
ディレクター————北 誠
制作統括————村田 真一　小澤 泰山

第3階 緑の魔境 生物の小宇宙 中米 コスタリカ（2014年12月7日放送）

取材協力————ベルナル・ロドリゲス　ガブリエラ・ベガ　西田 賢司
　　　　　　冨田 弘樹　大高 悦裕　嶋田 忠　湯浅 浩史
　　　　　　ジェラルド・チャベス　リンダ・フェデガン
　　　　　　MINAET　コスタリカ大学
　　　　　　ADIO UCLA
　　　　　　コンサベーション・インターナショナル
　　　　　　SEMARNAT of Mexico
　　　　　　ランチョヌエボ保護区
撮　影————図書 博文　牟田 俊大
　　　　　　キース・ヘイワード
音　声————飯塚 正治
映像技術————藤野 和也
映像デザイン————倉田 裕史
ＣＧ制作————宮坂 浩
ＶＦＸ————前田 純和
音響効果————飯村 佳之
コーディネーター————フリオ・マドリッス
　　　　　　　　　　加瀬 和城
翻　訳————原 千雅子
編　集————澤村 宣人
取　材————岡部 聡
ディレクター————一ノ瀬 尚史
制作統括————村田 真一　小澤 泰山

第4回 天空の秘境 パンダの王国 中国 南西山岳地帯（2015年1月11日放送）

取材協力————金 昌柱　轟 永剛
　　　　　　岩合 光昭　張 建之
　　　　　　星野 仏方　原田 浩
　　　　　　渡邊 邦夫　高井 正成
　　　　　　国家新聞出版広電総局
　　　　　　中華広播影視交流協会
　　　　　　中国保護大熊猫研究中心
　　　　　　香格里拉演金糸猴国家公園
　　　　　　コンサベーション・インターナショナル
撮　影————マイク・シングル　小迫 裕之
音　声————飯塚 正治　冨田 弘樹
映像技術————藤野 和也
映像デザイン————倉田 裕史
ＣＧ制作————宮坂 浩
ＶＦＸ————前田 純和
音響効果————飯村 佳之
コーディネーター————白井 黎　関 皓文
翻　訳————原 千雅子
編　集————村山 千代子
取　材————李 炳　岡部 聡
ディレクター————一ノ瀬 尚史
制作統括————村田 真一　小澤 泰山
　　　　　　アンドリュー・ウォーターワース

第5回 巨木の森 空飛ぶ動物たち スンダランド ボルネオ島（2015年2月15日放送）

取材協力————久世 濃子　サバ財団　サバ州野生生物局
　　　　　　サバ州森林局　サバ・パークス
　　　　　　ゲーリー・アルバート　ドュニウス・ビン・ジャニス
　　　　　　金森 朝子　坪根 里絵子　嶋田 忠　大高 悦裕
　　　　　　冨田 弘樹　兵庫県立フラワーセンター
　　　　　　コンサベーション・インターナショナル
撮　影————本郷 大輔　小迫 裕之
　　　　　　蔦村 泰人
音　声————前川 秀行
映像技術————藤野 和也
映像デザイン————倉田 裕史
ＣＧ制作————宮坂 浩
ＶＦＸ————前田 純和
音響効果————飯村 佳之
コーディネーター————荻島 早苗
翻　訳————原 千雅子
編　集————杉山 貴行
取　材————北 誠
ディレクター————岡部 聡
制作統括————村田 真一　小澤 泰山

第6回 太古の動物 奇跡の楽園 インドとスリランカ（2015年3月15日放送）

取材協力————ビジタ・ペレラ　スリランカ国家映像協会
　　　　　　スリランカ中央文化基金
　　　　　　スリランカ自然動物保護局
　　　　　　山倉 理恵子
　　　　　　松林 明
　　　　　　コンサベーション・インターナショナル
映像協力————NDR　ナチュルフィルム
撮　影————ナラムトゥ・スピア　小迫 裕之
音　声————飯塚 正治　冨田 弘樹
映像技術————藤野 和也
映像デザイン————倉田 裕史
ＣＧ制作————宮坂 浩
ＶＦＸ————前田 純和
音響効果————飯村 佳之
コーディネーター————山倉 義典
翻　訳————原 千雅子
編　集————田口 英男
取　材————ジョブ・ラステンホウェン
ディレクター————岡部 聡
制作統括————村田 真一　小澤 泰山
　　　　　　アンドリュー・ウォーターワース

主要参考文献

書籍

『動物大百科　第1巻食肉類』　平凡社
『動物大百科　第3巻霊長類』　平凡社
『動物大百科　第4巻大型草食獣』　平凡社
『動物大百科　第5巻小型草食獣』　平凡社
『動物大百科　第12巻両生・爬虫類』　平凡社
『動物大百科　第15巻昆虫』　平凡社
『動物大百科　第20巻日本の動物/総索引』　平凡社
『世界哺乳類和名辞典』　平凡社
『朝日百科動物たちの地球4 魚類』　朝日新聞社
『朝日百科動物たちの地球5 両生類・爬虫類』　朝日新聞社
『朝日百科動物たちの地球8 哺乳類1』　朝日新聞社
『朝日百科動物たちの地球9 哺乳類2』　朝日新聞社
『世界鳥類和名辞典』　大学書林
『新世界絶滅危機動物図鑑1　哺乳類Ⅰ』　学研教育出版
『新世界絶滅危機動物図鑑2　哺乳類Ⅱ』　学研教育出版
『新世界絶滅危機動物図鑑3　鳥類Ⅰ』　学研教育出版
『新世界絶滅危機動物図鑑4　鳥類Ⅱ』　学研教育出版
『新世界絶滅危機動物図鑑5　爬虫・両生・魚類』　学研教育出版
『新世界絶滅危機動物図鑑6　資料集』　学研教育出版
『極限生物摩訶ふしぎ図鑑』　保育社
『日本カエル図鑑』　文一総合出版
『新しい、美しいペンギンの図鑑』　エクスナレッジ
『週刊 日本の天然記念物 動物編 ゲンジボタル 45』　小学館
『動物世界遺産レッド・データ・アニマルズ〈4〉インド、インドシナ』　講談社
『世界鳥類大図鑑』　ネコ・パブリッシング
『世界動物大図鑑』　ネコ・パブリッシング
『動物1.4万名前大辞典』　日外アソシエーツ
『熱帯魚・水草3000種図鑑』　ピーシーズ
『暖かい地球と寒い地球』　福音館書店
『新図説 動物の起源と進化―書きかえられた系統樹』　八坂書房
『コンサイス鳥名事典』　三省堂
『NHKスペシャルホットスポット　最後の楽園』　NHK出版
『タイムズ世界地図帳　第13版　ATLAS OF THE WORLD』　雄松堂出版
『最新世界地図8訂版』　東京書籍

Webサイト

http://www.conservation.or.jp
http://www.iucnredlist.org/
http://www.iucn.jp/species/redlist/redlistcategory.html
http://www.nzherald.co.nz/nz/news/article.cfm?c_id=1&objectid=11259906
http://www.afpbb.com/articles/-/3015791
http://kagakubar.com/mandala/mandala10.html
http://kids.goo.ne.jp/zukan/index.html
http://quaternary.jp/news/teigi09.html
http://www.rhinopithecus.net/taxa.htm
http://www.bbc.co.uk/nature/life/Black_Snub-nosed_Monkey
http://www.benricho.org/map_straightdistance/
http://vldb.gsi.go.jp/sokuchi/surveycalc/surveycalc/bl2stf.html
https://www.wwf.or.jp/
http://natgeo.nikkeibp.co.jp/
http://www.konicaminolta.jp/kids/animals/index.html
http://www.birdlife.org/datazone/species/factsheet/22708091
http://media.newzealand.com/ja-jp/story-ideas/bird-conservation-in-new-zealand/
http://www.bom.gov.au/iwk/climate_zones/map_2.shtml
http://www2m.biglobe.ne.jp/ZenTech/world/map/Australia/Australia-Climate-Map.htm

協力者一覧 (順不同)

【写真、地図協力】
一般社団法人 コンサベーション・インターナショナル・ジャパン
湯川宜孝
岩合光昭
株式会社アニカプロダクション
細将貴
クリエイティブ・コモンズ(http://creativecommons.jp)／Ville Miettinen

【イラスト協力】
川崎悟司
関根敦

【編集協力】
松尾里央、髙作真紀、小宮雄介、鈴木英里子、川守田直美、岡田かおり、大熊静香、
中野真理、飯島早紀、宿谷佳子、岩井萌子、若林奈都子
(以上、株式会社ナイスク http://naisg.com)
越海編集デザイン

【執筆協力】
吉田正広
伊大知崇之

最後の楽園の生きものたち

2015年12月11日 第1刷発行

編者	NHK「ホットスポット」制作班
発行者	千石雅仁
発行所	東京書籍株式会社
	東京都北区堀船2-17-1　〒114－8524
	03-5390-7531（営業）／03-5390-7455（編集）
	出版情報=http://www.tokyo-shoseki.co.jp
印刷・製本	株式会社リーブルテック
監修協力	一般社団法人 コンサベーション・インターナショナル・ジャパン
ブックデザイン	金子裕（東京書籍AD）
DTP	越海辰夫

Copyright © 2015 by NHK, Conservation International
All rights reserved.
Printed in Japan

ISBN978-4-487-80949-3 C0040

乱丁・落丁の場合はお取替えいたします。
定価はカバーに表示してあります。
本書の内容の無断使用はかたくお断りいたします。